童小言 著

乘风破浪的我们

We ride the wind and waves

30岁梦想管理指南

人民交通出版社股份有限公司
北 京

图书在版编目（CIP）数据

乘风破浪的我们：30岁梦想管理指南 / 童小言著
—北京：人民交通出版社股份有限公司, 2020.9
ISBN 978-7-114-16730-0

Ⅰ. ①乘… Ⅱ. ①童… Ⅲ. ①成功心理—青年读物
Ⅳ. ①B848.4-49

中国版本图书馆CIP数据核字（2020）第131154号

Chengfengpolang de Women 30 Sui Mengxiang Guanli Zhinan

书　　名：乘风破浪的我们　30岁梦想管理指南
著 作 者：童小言
监　　制：邵　江
策　　划：李梦霁
责任编辑：李梦霁
特约编辑：刘楚馨　陈力维　苗　苗
营　　销：吴　迪　赵闻恺
责任校对：席少楠
责任印制：刘高彤
出　　版：人民交通出版社股份有限公司
地　　址：（100011）北京市朝阳区安定门外外馆斜街3号
网　　址：http://www.ccpcl.com.cn
销售电话：（010）59636983
总 经 销：北京有容书邦文化传媒有限公司
经　　销：各地新华书店
印　　刷：中国电影出版社印刷厂
开　　本：880×1230　1/32
印　　张：7
字　　数：160千
版　　次：2020年9月　第1版
印　　次：2020年9月　第1次印刷
书　　号：ISBN 978-7-114-16730-0
定　　价：59.80元
（有印刷、装订质量问题的图书由本公司负责调换）

有人说，

“每个人的历史，从出生前就开始了”。

爱与烦恼，幸福与秘密，

时间与魔幻，永恒交替。

女人，从母亲开始，

就是我们一生中，

最早记得和最后忘却的名字。

而每个女人，砺砺一生，

都在面对性别与年龄，

生活与自己的锤问。

三十岁以后，

人生的见证者越来越少，

但还可以自我见证；

三十岁以后，

所有的可能性不断褪却，

但还可以越过时间，

越过自己。

三十而立，

我们从每一寓言里，辨认自己，

也认识他人的内心，他人的真理。

三十而励，

在时光的洗练，时代的铿锵中，

我们不断更新，对世界，

对生命提问的能力。

三十而骊，

骊色骏马，飞云踏海，

我们关心成功，也关心失败，

更关心每个人要面对的那座山。

我们关心美好，关心热爱，

更关心日新月异的未来。

努力与翻越，不馁与坚信，

肆意笑泪，青春归位。

一切过往，皆为序章。

直挂云帆，乘风破浪。

——摘自《乘风破浪的姐姐》

序

三十岁，我也是乘风破浪的姐姐

换上白球鞋，乌云就害羞，躲着我；穿上小洋装，星星就闪烁，照耀我。

扎起了马尾，青鸟身边过，脚直跺；刷完了睫毛，雨滴往下落，快着魔。

塞纳河畔，莎士比亚对我说：爱情不过是一场疯。香街蝴蝶，飞过来亲亲我的酒窝。

Je m'apelle 美少女，轻舞飞扬，美得像花朵一样，

夜礼服假面倾仰/魔盒闪一道光亮/月亮也为我荡漾。

Je m'apelle 美少女，乘风破浪，笑起来风吹铃铛，

你只许偷看痴望，别吻我。

来，叶随风，喝杯啤酒，醉眼魅惑。哈哈哈，别啰唆。快乐随我，自high没错！

——歌曲《我就是美少女》，词：童小言，正式发行于2018年7月。

写下上面这首歌，是在2015年的平安夜，歌曲正式发行于2018年，我即将三十岁。作为人生中写的第一首歌词，算是真实的内心独白。也有幸得到我国台湾著名音乐制作人作曲及演唱。朋友们对于我跨界歌坛的初次尝试给予了莫大的肯定，歌也大受好评。虽然脚步未停，但那几年却是我的低谷。

在一个大家以为理应稳定的年纪，我的生活却在经历真真实实的动荡：要不要结束长达六年的感情？研究生毕业后该回上海吗？找工作还是当顾问，接案子还是创业？

几年前以为自己会在台湾永久定居，几乎能够望见“余生”的模样，然而，这并没有让我感到兴奋，反而感觉幽幽的不安以及失落：“尽管如此，难道我的人生就是这样了吗？”说“尽管如此”是因为我的生活在外界看来仿佛是在一个不错的“归宿”。“难道我的人生就是这样了吗”却是我自己心底的呼喊，感觉精神世界到达了某种瓶颈，没有新鲜的雨滴落进我的天空。

这就是我在《生活需要自律力》中说到的："我也曾没有防备地跌进了生活给我安排的套路里，虽然说了很多潇洒的话，实际上却要花很大力气爬出来，纵使摔得全身是伤，纵使忍受风吹雨打雪霜，也不能任生活摆布，一定一定要望着天上属于自己的星星，爬出来。"

我用"套路"这两个字形容人生必经之课题，当时面临着"我正过着传统定义中的美好生活"，然而矛盾的是，那却不是"我心里的美好生活"。那，不是我的喜悦。我努力用"潇洒的话"说服自己，让"传统定义"来抚平内心的焦灼，可全身细胞就是在透露着不快乐。

做决定的过程相当痛苦，没有人能告诉我如何选择，没有参照物，也没有绝对的正确答案。心里的声音告诉我应该离开，重新开始，现实却阻碍重重。这种阻碍、"伤"和"风吹雨打，雪压霜欺"主要来自各方观念，觉得我身在福中不知福。虽然很想回上海、回到父母身边，但已经可以预料到父母的反应，他们铁定一张困惑且嫌我爱折腾的脸。后来证实，我的预料是准确的。我爸甚至看着我又叹气又摇头："你同学××和×××的孩子都那么大了。你看你，都快三十岁，老公，无；小孩，无；房子，无。你是'三无人士'，知道吗？你羞不羞愧？"

记得我曾一个人听着歌走在巴黎街头，大雨滂沱，看到这段话的时候，就这么哭了好久……我写下：“一个女生，裹着棕色的风衣，踩着高跟鞋，淋着雨，被冷风吹乱头发，听着歌，哭泣地缓慢行走在巴黎街头，路过我，消失在雨雾中……我想她一定有很难过的事吧……”是的，这个女生，就是我自己。

面对如此境地，我还是写下了《我就是美少女》（Je m'apelle，法语，意为：我的名字是）。是的，一个快三十岁的“美少女”，一个“三无美少女”，一个不知道未来该朝哪个方向走的“美少女”…… 可我不想让这些去阻挡自己成为“美少女”抑或是保有美少女的心态。嗯，我就是美少女，轻舞飞扬，美得像花朵一样；我就是美少女，乘风破浪，笑起来风吹铃铛！

所以，一切选择，求助不了任何人，最终只能归于自己。我终于还是选择了那颗带给自己希望的星星，毅然决然，朝它走去。时至今日，依旧坚持不断地在它周围描绘着让自己舒适的星空。我的银河，虽然蜿蜒，可美得像浩海，由我乘风破浪，笑起来，如同风吹铃铛。

经历带来经验，经验本就是财富，它使你懂得将来再遇到事情的时候，该如何应对。阅历不代表苍老，代表着：通晓事理。阅历来自那些走过的路、受过的伤，从亲历的错中顿悟。有阅历的“活得单纯，爱得简单，知世故而不世故，历世事而存天真”才有立足点。正如《生活需要断舍离》中说的，“单纯”“简单”“不世故”“存天真”是经历过后的选择，这既是态度，也是能力。

心态向外投射，经过的人、经历的事，并没有反映在我脸上，与我交谈者依然可以从我眼睛里读到干净与澄澈。抵御皱纹的，不仅是靠护肤品，更归功于不错的心态。

最近有档综艺节目《乘风破浪的姐姐》，刚看到名字第一眼，结合几年前写的歌词，便让我颇感熟悉与共鸣。常有“姐姐”因年龄被诟病——“这岁数还出来作妖”，有位姐姐在采访中说道：“我52岁了，喜欢当美少女，又关你什么事？你是缺块肉还是瘸条腿？你那么生气干吗？”还有位姐姐被嘲：“这么大岁数了还来参加这种节目？”那位明星姐姐对着镜头直接回问：“那不然在家等死吗？”

瞧，这都2020年了，全球经历了大半年的“不可能的事却发生了”，年龄居然还能成为被诟病的因素。就像中年男人可以选择油腻和不油腻，三十岁的女人也没必要因“少女心”羞耻。我欣赏的一位明星杨幂，光明正大地当着美少女妈咪。年轻貌美，在新时代的今天，不应该局限于年纪。这是道“选择题”，而不是“是非题”。你喜欢，你生你的孩子；他喜欢，他过他的丁克；我喜欢，我继续我的单身主义。这互相，又关对方什么事?

我们每个人的艰难，很大一部分来自不同价值观体系的人非要来相互为难与膈应。

只有自己具备定义自己的人生的权力，他人皆不可代劳。正如有一天你走在路上，不经意经过一条清新美丽的巷子，你驻足看了两眼，拿出手机想拍下来，发现手机拍不出它的美，于是放弃，但看到本身就是满足，而更满足的是看到的时候自己嘴角扬起的不自觉的笑。接着，继续走路。那条巷子的美，拍不下来，也分享不出去，只属于了自己。世界就是这样的啊，“不完美”。记得曾在台北文创园看过一位香港设计师的系列作品，名为“im perfect”，起初以为是自信，仔细看才知道是赤裸裸的真相和接受真相后的坦然：im不是I am，而是否定前缀，是“不完美”。不同价值观体系的我们，不一定非要求同存异，“同”不了就“同”不了。也不必非要互相理解，理解不了就理解不了。可以的话，保持边界感，便是仁慈。各自找到属于自己的星辰、大海，乘风破浪，就好。有些人选择去风大的地方，有些人喜欢风小的地方；有些人选择去浪大的地方，有些人喜欢浪小的地方。不同的人追求不同的人生体验，追寻不同的风景。你不必非要挤过来拿水泼我，专注自己的行进方向就好。

出发是为了制造旅程，

到达由旅程堆叠而成，

所有的流逝都是永恒。

如果没有今天，明天怎么会有昨天。不同的人，过着不同的昨天，踩着今天，去向明天。尽管，乘风破浪的我们，当下正处于不同的年纪。

单身几年，环顾周围，90后们已经在被催婚，我便不折不扣地成了“古董”。不同的状态，面临不同的困境，也拥有不同的满足。也许在传统人士眼中，我这个“三无人士”并不是好榜样，也不具备“幸福”的说服力。但我自己享受当下，自由、自在、自high，还有机会憧憬未来，想象爱情的样子……我觉得好，就是好。我的人生，只有我自己能定义，父母都不行。记得我是拿一句话说服我妈的——妈妈，你希望我快乐还是不快乐?

就这样，30岁前一年的我经历了许多人生的大事，勇敢地与一种生活告别，开启另一种生活。在新生活中，从迷茫到清晰，密集地“经历、自省、认知”。30岁这一年，对于我，仿佛每三个月便像过了一个世纪，和一批人挥手告别，又遇见另一批人，然后再告别，再遇见……回望，皆恍若前生。30岁过后，我不知道，哪些人在远去，哪些人又在到来；哪些人会治好我的健忘，我又会走过哪些人的心里……然后，带着遇见和遗忘，最终依旧是我陪着自己，丰盈且空地活着。

这本书不只讲乘风破浪的心态，更着重笔墨讲如何具备乘风破浪的勇气、智慧与能力。纵使在低谷，始终要有那种把“进退两难”的处境转变为“进可攻，退可守”的本领。常有很多认识或不认识的朋友说每天都会看我的微博、朋友圈，从中获得力量，正如我每天也会翻看我喜欢的偶像发的微博，从中获得共鸣。因为我们其实知道，每个人的生活都不会是完美的，都会有各种各样的快乐在体验，都会有各种各样的问题要面对。而当看到喜欢的偶像，也在应对事业或生活的课题，能够把更不堪的情况处理得圆满，这就是励志的力量。这个励志的力量不是因为偶像在享受完美人生，反而恰恰是因为他们在遇到不完美的人生时所做的选择、付出的勇气和攻克一切的所向披靡。是的。任何事都不会是容易的，任何所得都不会如外界以为的那么轻易。没那么多矫情的正能量，最好的正能量就是过好自己的生活，然后别人看到你的生活就充满动力。

事与时间淬炼的强大，不在于外在表现是否强硬，而是内在的沉着与冷静，痛而不言、笑而不语、遇事沉着、待人随和、理解礼貌、豁达光明。时间诉说答案，时间不会辜负。嘿，我们，不畏风雪，乘风破浪！

目　录

第一章　无畏

前半生不要怕，后半生不要悔

第二章　自我

我见众生皆草木，唯你是青山

第三章　智慧

我要赢的是自己，所以我从没输过

第四章　独立

星河滚烫，你是人间理想，不必囿于厨房与爱

后记　一切过往，皆为序章

第一章　无畏

前半生不要怕，后半生不要悔

第一节　你的力量，由你走过的路决定

在一座巨大悬崖之巅，五只刚出生才两天、小小的、软绵绵的幼雁，接连，一跃而下……

这是BBC的一部纪录片*Life Story*《生命的历程》片头的一幕。看完整部片子，我内心久久不能平复，陷入深深的震撼与感触之中。全片共六集，长达六小时，通过不同动物的真实故事，讲述First Step（第一步）、Growing Up（成长）、Home（家园）、Power（力量）、Courtship（求偶）、Parenthood（养育）。

那幼雁是白颊黑雁（拉丁学名Branta leucopsis）刚孵化的。他们的父母把巢筑在如此极端孤立的地方，是为了保护幼雁远离地面上的食肉动物。“但这也意味着，有个代价需要付出。”随着这句旁白，看着纪录片中极其高耸的悬崖，我心里一颤。

幼雁在巢中虽然安全、温暖，但时间一长，没有东西可以吃，越来越饿。如果要找吃的，就要去下面120米的地方。可是，他们还要经过八周才会飞。雁爸爸先做了往外飞的示范，边用叫声鼓励着幼雁们。然而，幼雁们仍然躲在妈妈的身后……接着，雁妈妈也飞了出去，留五只幼雁们在悬崖边，听着下方父母的鼓励，蹒跚地往前挪动。终于，一只“飞”了下去，接着两只、三只、四只、五只。那场面，与其说是“飞”，不如说是一路“摔”下去，不时撞在坚硬的峭壁上，也可能落进了岩石的夹缝中。这一跃的结果，五只里面存活了三只……而存活，是基于某种“幸运”的概率。最后，这三只跟随着父母的脚步，往远处走去，消失在镜头中……

旁白说：“如果没有这么激动人心的生命的开端，任何白颊黑雁都不会有今天这么成功。幼雁们将来还会面临更多的困难，但仅出生两天，他们就已经挺过了一生中最大的挑战。”

自然界中的生命，空中的飞鸟、奔跑的鹿、海底的珊瑚、钻进冰湖的熊……都让我肃然起敬。

一次次主动的选择，它们奋力克服着生命中每个阶段所面临的障碍，用最美的姿态完成一生的旅程。而你，却只想当“草莓族”……当然，任何活法都是自由的，也应该被尊重，你也有权利这么选。不过，在你选择用“五天上班划水，两天宅家看剧”度每一周时，就不要抱怨为什么“财富自由”“人生胜利组”没有你的份。

人可以选择倚在窗边听雨，也可以选择海上乘风破浪。只要愿望和行动是一致的。努力的人过着一种生活，不努力的人过着一种生活。各自甘之如饴，倒也美满。就怕不努力的人向往努力的人打造的生活，却又不肯努力，转而酸葡萄心理作祟，对努力的人吹毛求疵、批评谩骂。抑或是努力的人向往不努力的人过着的生活，却又没有条件不努力，从而对奋斗产生迟疑，倒也没必要。

曾经设想过许多努力过后的欣喜结果，然后为了达成那个结果付诸行动，最后得到的可能只是当初期待的成效的1/3。可进步就是如此，若是付出100分就获得100分的成果，也未免太简单了，并不符合这个世界的客观状况。实际情况是，付出100分，收获30分，而这至少是给思考与行动者的奖励。

有一个朋友，靠前几年风口时期赚到的钱，投资了两块事业。和他交谈过程中，他自言看好A事业，觉得今后铁定能赚大钱。可现实中，他却将更多的时间花在B事业上，理由是B这边麻烦事多，需要操心，常感时间不够用，显得心力交瘁。结果是，两年过去，哪块都没挣到钱。

“知行合一”的精髓不是说到做到，而是你的行为符合你内心的价值判断。很多人犯的问题都是：明明知道一件事更重要，但却花更多的时间在另一件事上。

我花了一个月的时间跟着App在瑜伽垫上跳操、运动，可洗完澡照镜子，觉得腰还是好肥啊。但很快就想通了，心态立马平和。确实，过去那么多年久坐畅吃，怎么有脸要求自己才一个月就能瘦。这么多年培养的肥肉不要“面子”的吗？

大部分人，捧着零食，喝着奶茶，嚼着薯条，把腿搁在沙发上，斜躺，看着屏幕上的女孩儿们争奇斗艳、唱跳角逐女团名额，说：“哭什么哭，这种心理素质也跑去参加选秀！”“这人怎么性格那么奇怪，不配出道。”“公众人物被骂不是很正常？”“哪个职业不辛苦啊，明星赚那么多，这点苦怎么了？”“赚得多当然要多捐啊！”……可，她们是不是忘了，是这群屏幕上和她们同龄的女孩子们自己去选择了维持身材、勤练唱功、苦练舞技，乘风破浪的。她们没有选择宅在家里当“沙发土豆”，所以她们争得了更多的机会，赚到了更多的钱。

你的力量，是由你走过的路决定的。

曾经只见过晴天，突如其来的暴风雨会让你不知所措。经历过一次电闪雷鸣，你就知道那死不了人。下一次打雷的时候，你还能走过去抱起被吓坏的狗狗，安慰它别怕。

现在大家都在说“后浪”，“95后”、“00后”这批是目前“后浪”的主力。我有一位朋友形容得特别好：现在的“后浪”，相较于过去每一批“后浪”，自我认同极高，敬畏之心却极低。

上海交通大学一位教授曾在“安泰・问政(40)——用脚步丈量中国：实地调研对经济学研究的启示”研讨会上演讲中说道：我们可以大胆做一个预言，中国在未来十年之内一定会出现一场代际革命，而这场代际革命会动摇大家司空见惯的社会组织方式、人际交流方式，甚至思考人生的方式。我们过去总认为他们长大了就会跟我们一样，而现在我想对大家说，这一代跟我们真的不一样。

我以为，**有智慧的无畏，应该是基于敬畏之心的**。无畏，不是无知的莽夫之勇，而是知道风险后依然选择。

什么样的人情商高？经受过社会毒打的人。

要么就被上天宠爱，温室里快快乐乐地过一辈子。要么走出去修炼，掌握生存技能，积累能力去替自己盖一个温室。

在这个魔幻的2020年，感叹：活着就是一场接一场的侥幸。突然想到，等我老了，坐在暖炉旁的躺椅上，一定会觉得：能安然度过百年，真的是无比幸运的事。因为世界上，意外太多了。我们不知道明天和意外哪个先来，躺过也是一天，最大化体验生活也是一天。

现实对每个人都是残酷的，可你瞧，大家都还是在积极努力地生活。眼下都是磕磕绊绊的路，可难道驻足不前吗？不也还是得往前走吗？忐忑但也无畏，因为只有继续走，才有机会遇到平坦的路。

如果要问：30岁的我，比起20岁的我，最大的改变在哪里？

我的回答是：对任何人，都由他们去。

包括读者，谁能看到我的书，会理解到哪一层，获得怎么样的启发，也都随缘。看似佛系，其实因为我懂得了现实——很多人看书，是看不懂的。作者想表达的含义，是基于作者的经历和经验，读者未必能理解到同一层。人对事物的理解总受限于自身的认知体系。但看书好吗？那肯定比不看好。“知道，且知道自己知道”，这当然最好，这客观。“不知道，但知道自己不知道”，这也不错，也客观，至少不会乱来。怕就怕“不知道，但认为自己知道”，这很要命，也很难教的，得亲身去经历社会毒打。不过，大多数人就算经历过挫折也没有用的。太多因素决定命运了。

尝试去指导、规劝，真的也大可不必。每个人的道路，确实只能靠自己踩出来，旁人纵使干预，也效果甚微。我常说：**鼓励别人是不需要成本的，但阻止别人需要。**这在本书后面的章节中会详细阐释。

所以，我也佩服教师们，有足够的耐心教书育人，真的很了不起。

以前，我每天在“心里翻白眼”和“劝自己待人友善”之间矛盾。更早以前，我还试图要去帮朋友们排解困扰，分析前途，引导对方走我认为的正确的道路。现在不会了。现在就是：“无动于衷”，由她们去。

以前觉得：唉，为什么不能相互理解。现在觉得：面对不理解，耐心说清楚就好了，没必要生气。平静也是一场交谈，不平静也是一场交谈。

我们每一个人，“自以为是”地与世界相处。也许在别人的故事版本里，我们拿的是反派女十二的剧本，也是有可能的。

每个人都有自己的准则、规定或限度，以此来分辨别人怎么对待自己才是合理的、对自己来说安全的、被自己内心允许的。这种在身体和心理层面的安全感和舒适度，就是“人的边界”。成年人的情商在于认知并且接受边界的存在，分寸感是让大家都不拧巴的舒适程度。这就要求：懂人，懂事，懂规则。

比如你怕老鼠，室友却养了一只小白鼠，你每次经过它的时候，都觉得它在看着你；比如你经不住噪音，邻居的小孩却刚开始练钢琴，每晚你拖着疲惫的身子到家刚瘫倒在沙发里隔壁便响起了“破碎”的琴声；比如你不喜欢和人靠太近，和你聊着天的对方都快凑到你鼻子了，而且你的身后便是墙，退都退不了……

这些是可见的，还有不可见的，反映在观念、想法、喜好、信仰、原则等方面。我们常说三观合或三观不合，就是心理层面的互动舒适度。刺猬理论也是，源于刺猬在天冷时彼此靠拢取暖，但保持一定距离，以免互相刺伤的现象。叔本华说：“人际关系就像寒冬里的刺猬，离得太远，会感觉寒冷，但离得太近，结果只能是被刺伤。”在管理学中，刺猬理论强调的就是人际交往中的“心理距离效应”。

—我们俩很熟！—不好意思，我不这么认为。

人们对彼此的感觉，好像无法真正达成共识。

—我只是开个玩笑。—可我并不觉得好笑。

大家对于语言的理解、表达的尺度，也常常不在同一个心理承受级别。

—你能接受吗？—能。—你怎么能接受呢？！

—你能接受吗？ —不能。—为什么这都不能接受？！

—你觉得这苹果甜吗？—甜。—啊，这怎么能叫甜呢？！

—你觉得这橘子酸吗？—不酸。—啊，这明明很酸啊！

很多人对你的态度有疑问，不在于你的态度是什么，或是客观上它是否成立，而是在于你和他的态度不一样。

美国思想家、文学家、诗人爱默生说：“同人开玩笑务必要掌握分寸感。适当的幽默玩笑就如同饭里的佐料一样，可以让我们的生活更加的轻松和愉悦。然而，过量的或者不适当的佐料却会糟蹋掉一顿美餐。”

认知科学家马克·图纳（Mark Tuner）说：“叙事性的想象（故事）是形成思想的基本方法。”

一个人的经历和教育形成了他的故事库，故事库构成了我们对世界的理解。

我在巴黎留学的时候，常有Group Discussion（小组讨论）作业，每个小组自行另约时间。当时我们组有巴西人和德国人，定时间可谓伤脑筋。因为巴西人哪怕迟到两小时，也认为自己是准时的。而严谨的德国人就不一样了，你若是把时间定在20：00，19：59他就会在门口。我们调查了来自20个国家的30位老外同学，他们都是各国名校来巴黎ESCP-Europe交换的留学生。其中，日本同学和韩国同学往往都是准时的，迟到5分钟就会被认为不太礼貌。印度同学的话，正式场合都是准时的，但私人场合可能会迟到15分钟以内。俄罗斯、芬兰、德国、荷兰的同学纷纷表示在他们国家常常是准时的。法国同学、西班牙同学、葡萄牙同学、阿根廷同学、哥斯达黎加同学、洪都拉斯同学却总是迟到。葡萄牙同学如果赴非正式餐，迟到半小时都是很正常的。意大利北部的比较守时，越往南越随性。美国同学的话，在非正式场合迟到5～15分钟都是正常的，但超过20分钟可能会被认为rude（不礼貌）。菲律宾同学是常常会迟到的。秘鲁同学也是，几乎没有时间观念。非洲同学有些甚至能迟到两个小时……

拿语境文化来说，可分为高语境（High Context）和低语境（Low Context）。高语境文化中表达含蓄委婉。我们中国就是高语境文化的尖端，是东方文化的代表。美国和大部分的欧洲国家属于低语境文化，表达简单直白。我们在巴黎的调查也包括这个话题：面对“傻”老板，要不要或者可不可以直言不讳说他的“傻”。美国、意大利、德国、芬兰、荷兰等国家的同学说："当然要直接说啦"，公司扁平化，不说出来对公司反而更有害。但像日本、韩国、越南、非洲的同学就觉得"不能说""会丢饭碗""枪打出头鸟""老板会给我穿小鞋的""不利年终考核"……

所以，就像你不能逼着美国同学把想说的话烂在肚子里一样，你也不能逼着谦逊的中国同学非要上台侃侃而谈一番。不同文化背景的人们拥有不同的故事库。再细分，同样文化背景的人又因基因不同、个性不同、家庭环境不同、教育与经历不同……故事库又进而不同。

君子和而不同。其实世界有趣也有趣在这里，正是因为存在不同的人，才让世界如此丰富。而我们可以从那些不同的人身上，看到不同的特质、不同的选择、不同的结果，从中得出某些规律。理解一些人的坚强、一些人的软弱，明白人的力量就是来自他们"走过的路"。所谓"凡是过往，皆为序章"。

30岁，我积累了并持续去积累能力、智慧、财富，更理解别人、更理解自己、更理解人与我之间的分寸感。懂人，懂事，懂规则。更有底气，更加无畏，更为专注：我是谁、我想去哪里、我凭什么去。

第二节　只想做自己，自由生长

被称呼为姐姐还是妹妹，其实不重要。年龄，不过是经历的反映。如同我回看自己几年前发在网上的文字，都觉得蠢爆了。这说明，我在成长。

有一天睡前刷微博，看到我的一位明星朋友被网友说曾经是村姑、来自小地方、学历不高……总之，那陈腐滥调的刻薄语气隔着屏幕都能溢出来。可，且不说那学历还OK，就拿她现在的状态来说，就是非常棒的模样——甜美、友好、常看书，有思想、有追求，在努力。我很欣赏她。

许多人常常会忘记：人是会变的，甚至可能脱胎换骨。我们总说要用动态发展的眼光看待问题，怎么不能接受人是会改变的呢？

王家卫导演的《重庆森林》里说："其实了解一个人并不代表什么，人是会变的，今天他喜欢凤梨，明天他可以喜欢别的。”

一个人过去喜欢这件事，但是经过成长或者很多原因，可能不喜欢了。别人翻出来就说：你看他十年前说过这个话，他就是个反派。不允许人会改变，或者说，接受不了人是会变的，挺可怕，仿佛不接受世界是动态变化的。

若是如这般理解，那奋斗、逆袭、翻转人生……不就都不存在了吗？

选择乘风破浪，是因为，我们相信：一切是可以改变的，会变好的。**蝴蝶效应，发生在每一次的行动之后。**

“无畏”就是：想明白我是谁、我想去哪里、我凭什么去。然后，无所畏惧人言，“自由”生长。

你尖酸刻薄地数落了我一顿，我委屈落泪，你说我玻璃心。

你自来熟地拿过我的购物袋，翻看我买了些什么，我拿回来，你说我不够大方。

你大过年在我家做客，我爸妈都没发话，你催促享受着单身生活的我快谈恋爱结婚生孩子，我说生活是我自己在过，孩子生出来你帮我养啊，你说我不懂事。

没有边界感的人，常不自觉地对别人的情绪和行为“负责”。比如讨好型人格，一味地讨好他人而忽视自己的感受。比如让他人定义自己，或是期待别人对自己的情绪和行为“负责”。比如时常想要“拯救”别人，为他们“解决”人生问题。比如没有经过对方同意就触碰对方的个人领地……

太宰治在《人间失格》里有这两句话：“对讨厌的事不能说讨厌，对喜欢的事情也像行窃一样战战兢兢，从而在极度苦涩的滋味和难以言表的痛苦中苦闷得不能自拔。”“一旦被别人恶言相向，我便觉得别人言之有理，都是自己的错，总是默默地承受别人的攻击，内心感到快要发疯的恐惧。”

我们被别人的情绪“规矩”着，光这些文字就看着苦。

当我们被冒犯时，情绪一定是负面的，不舒适，最常见的反应是生气，当然也可能生闷气。对冒犯到自己的对方，我们内心的评价和反馈肯定也是负面的。总不见得，他“热情”要求我做我不喜欢做的事，“积极”地擅自替我做了决定，我觉得好开心啊！

对于被定义、被冒犯，负面情绪是可以理解的，不用担心。可别人只出一张嘴，难道你要搭上整个人生去附和？当然应该积极应对，去建立“边界”。否则就像你砌一堵墙用来保护自己的庄园，不定时却有过路人有意无意地撞到它，也可能是亲近的人着急来找你，却不走门，直愣愣地撞到墙上，墙倒了，或者破了几块砖……你又气又无奈地把砖一小块一小块地再砌回去，还没砌完，又被撞到……日积月累，很容易崩溃。

美国畅销书作家，迈克·贝克特尔（Mike Bechtle）写的那本《高难度对话：如何与挑剔的人愉快相处》中说道：人人都有这样一个倾向，也就是用他人的意见来估量自己的价值。如果这样做，等于将自己生活的掌控权交给了别人，让别人来决定自己的价值。就像《被人嫌弃的松子的一生》中的松子一样，一生都在关注别人的感受，却彻底丢失了自我。尊重自己就意味着要为自己设立健康的界限，不能不假思索地顺从别人，要做到我们自己来决定做什么，而不是由别人决定。

规则的建立，其实是自我认同的过程，也是自我价值的强化，更是自我保护的途径之一。边界的建立，对别人是一种信息的传递、原则的说明、相处模式的磋商，以及关系的稳固。

由于人们的世界观不同，他们对彼此的看法也会有很大的不同：原因与目的、善与恶、自由与奴役、事物与人、权利与义务、法律、正义、真理与谬误等，这些概念构成了

我们理解世界的框架。——《哲学的目的》（*The Purpose of Philosophy*）

之前看过这样一个有趣的故事：一对中国夫妇请他们的一对日本夫妇朋友到家里吃饭。出于中国人的宴请礼仪，菜要越多越显出热情与周到，于是准备了满满一桌。对于日本人而言，把菜吃光，才能显出对主人的招待表示心悦与礼貌。结果，那顿饭，彼此都不容易。

“我们不熟，所以不想透露。”

长辈们会不会问一个黄头发、白皮肤、蓝眼睛的老外：“你怎么30岁了还不结婚？”那为什么甚至连一个路人阿姨都会对你说：“你30岁还不结婚，以后年纪越大越嫁不出去。”

越是长得相似，越会认为对方和自己一样。看得到的“特征”，容易导致这种错觉，看不到的“特征”却往往被人忽略。可不好意思，我们真的不一样。

前段时间，我在公司办了个酒会，有三位朋友晚到，准确地说是恰好错过。他们本就不是想来喝酒，更多的是想来聊聊，看有没有合作的可能。都是不错的朋友，我便拿出自己的私藏酒，倒了四杯，先递给A先生。他接过杯子，说：“谢谢”。我递一杯给B先生，中途被A先生给拦了下来：

“他开车，还是别喝酒了。”B先生开玩笑地直呼：“车可以叫代驾啊，今天本来就做好来喝酒的准备啊。”便绕过A先生接过酒杯，满意地喝了起来。

我再递一杯给其中一位C女士，她表示这两天感冒不喝酒了。A先生从我手中拿过酒杯递给她说：“你平时那么能喝，喝一点没事儿，今天开心嘛。”来回推了三次，C女士最终还是婉拒。

我拿起最后一杯，刚要往自己嘴边送，A先生又拦住了我：“你刚才酒会已经喝很多了，别喝了。”

我得说明一下，A先生并没有其他更多的想法，他表达的即是他当下对我们仨能不能喝酒和要不要喝酒的主观判断，单纯的“主观判断下的关心”而已。

“可我还没喝尽兴啊！”我拿回酒杯，一口下肚，便打趣他：“你还真逗，我想喝你非要拦我，人家不想喝你又非要人喝。发现你有强加个人意志到别人身上的毛病。”我表达风格一贯如此，虽是这样的语句表达，但语气语调掌握得当，并不会像直读文字一般生硬，真实世界中倒没有引起过“听众”不适。听完我这半开玩笑的一句，大家哈哈哈笑着，便开始边喝酒边聊天。看样子是谁也没往心里去。

我自己倒是觉得这素材有趣，当下就记进了手机备忘录里。想来，这是不经意间发生在生活中的一个实例，事实上稍加观察，这类事在好多人身上都在发生着，可大多数人却习以为常地忍受着，不引起更多不适，往往就忽略了。

比如你冷了，就觉得别人晚秋穿着露腿的裙子就是“要风度不要温度”，苦口婆心劝人家多穿点。可冷是你的主观感知，她也许觉得热呢?

还比如客人来了，想喝水，你觉得一杯白水太怠慢，于是泡了杯龙井。他和你聊完一小时，硬是一口没喝，因为他真的不喝绿茶。

前两天在微博看到我一位作家朋友写道：“时至今日，还是有人不明白，干涉别人的生活作息是非常无礼的事情，哪怕披着关怀的外衣，依然无法遮蔽随意指点别人的粗鲁。”

有勇气守护好自己的舒适边界，是自由生长的第一步。

在生活中，如果边界不清楚，我们很难分辨自己做某件事究竟是出于义务还是自愿牺牲。当我们拥有健康的边界感时，我们就会知道拒绝对方是出于对自己的负责，拒绝的原因是因为对方越界了，不能归咎于自身的问题，这样自然就减轻了我们的内疚感。

与别人“边界清晰”，还有助于自己识别出自身的感觉、想法与行动，意味着我们允许自己拥有属于自己的心理舒适地带和规则，而不是套用别人的心理舒适地带和规则在自己身上。边界能够保护我们的自尊和对自己情绪的控制力。

吴淡如老师给我的前一本书《生活需要断舍离》写了推荐语："童小言与我都是11月22日生，天蝎座，也是A型血。我仿佛从她身上看到一股熟悉的信念感，对自己有要求，专注把事做好。动静相宜，内心丰盈，淡然自如。"

重点是：对自己有要求，专注把事做好。再说明白点，就是不去对别人指手画脚，专注自身成长，过好自己的人生，然后其他人看到你的元气而充满动力，就是如此纯粹的正能量。

我书籍的策划李梦霁老师，看到一条新闻视频，与我分享："视频中是一位农民工打扮的中年大叔，蹦蹦跳跳地下班。画面上的他是那么快乐，仿佛生活的重压和风雨从不曾落在他的肩头。他被网友称为'快乐大叔'，虽然他的生活在正常人眼中过得并不算轻松。他是木工，高强度的体力活自不必说，每天清晨5点起床，住在集装箱式的工地宿舍，几百个工人聚集，又乱又破；日常工作穿梭在钢筋、钢管中，工服都是破洞，几乎没有一件完整的；为了多赚一点钱，只要有加班机会他就去，工作量不比二十出头的年轻小伙子少。视频画面中‘蹦蹦跳跳’的这一天，只是稀松平常的一天，没有发奖金，没有中彩票，他只是觉得下班了，很轻松，很开心，蹦出了生命应有的样子。生活之美，不是不知生活艰辛，而是知其艰辛，依然轻装上阵，从容前行。‘快乐大叔’说，人这一辈子哪有不辛苦，再苦再累，开心点就蛮好。在艰难的岁月里淘到快乐，就是我们平凡人的惊天动地，是我们看清世界之后依然热爱生活的英雄主义。”

是啊，人，归根结底是为自己而活。不该被他人的标准“定义”“分级”。我们是要“自我定位”，而不是“被定义”。

有勇气守护好自己的边界。自己体味快乐，体会痛苦，去坚持，去放弃，去乘风破浪，去沙滩晒阳，去自由生长。淋漓尽致的人生体验，只能依靠自己获取。正如《无问西东》的台词：“愿你在被打击时，记起你的珍贵。愿你在迷茫时，坚信你的珍贵。爱你所爱，行你所行，听从你心，无问西东。”

第三节　看清来路，知道你是谁

如果你的男朋友跟你聊八卦，你会不会嫌他不够爷们儿？

如果你的男闺蜜不跟你聊八卦，你会不会嫌他不够意思？

你和男朋友之间拥有的是爱情，你和男闺蜜之间拥有的是友情。

在你的爱情生活中，男朋友是当事人，而男闺蜜是旁观者。

在你的友情世界里，男闺蜜是重要嘉宾，而男朋友是临时演员。

倘若哪天，你心情不好。

打电话给男朋友："在干吗？"

"在和同事吃饭。"

“早点回来，我今天心情欠佳……”

他若不照办，0分，估计要被你修理；他若赶回来，6分；他回来时给你带了杯奶茶，8分；他把奶茶递给你，问你为何心情不好，并且安慰你，10分。他做了一个男朋友应该做的事。

若你打电话给男闺蜜：“在干吗？”

“在和同事吃饭。”

“吃完饭有空不？我现在心情欠佳……”

他若赶来，8分；他赶来时给你带了杯奶茶，9分；他把奶茶递给你，问你为何心情不好，并且安慰你，简直中国好闺蜜！但是他若不来，你也会体谅他没有义务这么做，毕竟他有自己的女朋友要陪。

这说明，对于你生命中出现的不同角色的人，你得用不同的标准看待，用不同的态度对待。

对于妈妈和婆婆的区别——有个观点我是认同的，婆婆要把媳妇当女儿，但媳妇得把婆婆当婆婆。

有一次，一位朋友在网上发了张她在婆婆家客厅唱歌的照片，配文：婆婆夸我唱歌真好听。

然后她的一位老同学留言了：“跟婆婆只能喝喝茶、吃吃饭、聊聊天，保持距离。”朋友对这么突兀的建议表示不爽，认为不是很熟的朋友，如此回复有“好事者过分干预私生活”的感觉，就回复：“没有，我和我婆婆的关系就像妈妈和女儿。”她那同学不罢休，继续留言：“小女生，反正记得要保持距离！以我的经验，毕竟你不是她生的。现在刚开始是没事，大家客气，但遇到事情以后，她会抱怨的，一下子颠覆形象，记得啊，距离！”我朋友回复：“安啦，我们感情超级好！ 因为我们性格很像，不但是婆媳还是朋友。我婆婆不是普通的女人。”

难道朋友是不认同她同学的建议？她当然知道婆婆和妈妈是不一样的，也知道婆婆和媳妇不会像妈妈和女儿。但她为什么还要这么回？一方面同学与她更生分，这么自来熟的指点本就没有边界感，她难道要就此附和过去？另一方面，当时她同学的留言来得不早不晚，她婆婆正巧在边上。她顺势把留言给婆婆看：“妈，您看，我这个在美国的同学真不会说话，我们之间的感情哪是她们能懂的。我跟她们说了，您不是普通的女人，我们之间就是像妈妈和女儿，您对自己女儿怎么样，对我就怎么样。”说完，把头靠在婆婆肩上。她说：“我婆婆当时笑得可开心了。”

对身边人的身份定位与角色管理，你心里得清清楚楚，但需视情况表达出来，用不着把脑袋里的“泾渭分明”毫无保留地往外漏，不然真“小女生”的恐怕是你了。

别该表现得没有距离的时候，你非要把距离拉那么远；该有点距离的时候，你又非要跟人家行贴面礼。

说些职场的例子——**你把老板当兄弟，也要看他愿不愿意。**

Dave，曾一度是我父母家的邻居，因为与我父母的祖籍都为浙江，所以两家有一阵子走得比较近。我们一家四口，他们一家三口。他比我大三岁，但因为有个女儿，反倒像是和我爸一个辈分的，偶尔会约着我爸去打打高尔夫。有时他下班回家晚，他太太去幼儿园接了宝宝后会到我家。小女孩儿喜欢在我家吃饭，爸妈看着可爱，也很乐意多添几双碗筷。

“嘀——嘀——”门外响起车汽车喇叭声，我的直觉告诉我是在对我们家鸣笛，就探出头去，看见停着一辆车，车里是Dave。

我：“Dave，你换了一部车啊？”

Dave：“没有，这是我们老板儿子的车，他借我开。在我们公司，基本老板们的东西我可以随便用，我们都是兄弟，不是外人。”

背景是这样的：Dave是一家在当地不算小的民营企业的高级业务经理，据他说，当初公司还很小的时候，是他为公司签了很多单子。现在公司发展成这样，他也是元老级人物，老板把他当兄弟，凡事都要卖他面子。所以，他有时会直接走进老板办公室，说："哇，这个笔筒真精致，可以给我吗？"老板就送给了他；Dave的太太是重庆人，来上海找工作，被顺利安排进他们公司；公司的事，他的建议一般不太会被老板否决，他推荐哪家供货商，公司基本就能定了签约……他都把这些当成是老板对自己的器重，认为公司没有他是不行的。

我自认为识人蛮准，分析能力也还行。当时我爸拿Dave作为职场榜样："你看看人家Dave，听他说小时候只能吃酱油拌饭，苦到这种程度，现在在公司已经呼风唤雨了。"

我当下就跟他预言："Dave早晚会被老板弄走的。"我爸说："他们公司有他们公司的风格，民营企业，老板那么器重他，怎么会。"

老板是真的器重吗？器重你，还只给个高级经理让你当？从Dave爱炫耀的风格、张扬的个性和他的吃穿用度之反差观察，我推测他的月工资不高。要是真像他说的公司不能没有他，他早就该是总监了，工资也早就应该不低。他还说，他敢跟老板当众吵架，直接呛老板……在民企（记得那是十年前），老板就是老板，公司是他的，你再厉害，他也不可能容忍常有人给他添堵。就像客人到你家，完全把你家当成了自己的家，卧室随便进，抽屉随便翻，你能容忍他待多久？

不知Dave是不是情商低，按理来说，“凤凰男”应该最会察言观色、最懂人情世故，怎么他不按常理出牌呀。脾气特别暴躁，动不动训他太太，保姆骂走三个……成为我们的邻居是因为他女儿上幼儿园近，就到我们小区租了房子，后来搬走了，就几乎没有联络……

一年以后，果不其然，听我爸说，某天Dave在路上见到他，立刻低头转身就走，叫他也装没听到。一打听，貌似是丢了工作，应该是怕见到我们丢脸……

身份定位要清晰，做人做事要有分寸。定位不清晰，越了分寸，便是自我认知不清，能不能容忍你的“越界”全看老板的胸襟。就像商品没有准确的定位，迟早是要被淘汰的。

我弟弟，Achilles，“90后”，天秤座，身高180cm，体重58kg，韩国庆熙大学国际经营管理专业硕士。

记得他在大二的暑假，到我当时所在集团的同部门实习，但我让他不是汇报给我，而是汇报给我同事。要知道，一个做姐姐的是不喜欢在工作上带自己的亲弟弟的，小时候拉扯他长大已经受够了，哈哈，开玩笑。其实是因为，让他最快接受训练“职业化”的方式，就是真正去“体验”职场。

在第一天去公司的路上，我跟他说：“在公司里，不能把我当姐姐，也不能告诉别人我是你姐姐。中午不能和我一起吃饭，下班你自己坐班车回家。好好做事，拿你的实力证明你自己。”他点点头。

当天晚上，部门聚餐，三位同时来的实习生一起加入。聊天过程中，我问道：“Yan，你几几年生的？”他回答：“92年。”我再转到Alice：“你几几年？”她回答：“92年。”再接着问：“Achilles，你呢？”他看了看我，貌似不太高兴，回了句：“92年。”我说：“所以，Achilles，你们同年，但是你比他们小一届噢，他们都大三。”他“嗯”了一下。

之后问专业，我也是一个不少地问了一遍。

吃完饭，大家同方向的人一起走，Achilles便“顺道”搭我的车。

回家路上，我跟他说起聚餐时的问答礼仪，表示他应该表现得自然一些，不能够觉得自己和别人不一样。但他什么响应也没有。我正想这家伙怎么了，转头一看，天哪，他一个大男孩居然在哭。我很诧异，以为他在外面受了什么委屈，追问之下，他说：“你为什么要问我几几年生的，为什么要问我什么专业？你不是都知道吗！我觉得那很假！”

我很意外，平日“淡然”的他，没想到竟然有这么幼稚的一面。我没说话，把车找了个地方停好，对他说：“这不是假，这叫角色管理。在职场，我叫Tong，你叫Achilles，是同事。你换位思考一下，如果你是我，难道要把我和另外两个实习生区别对待吗？大家若是晓得你是我弟弟，会发生什么，你知道吗？等你先潜心实习一个月，之后我再告诉大家，你看看会有什么区别，到时候就会明白角色管理的重要性了。”

到了第二个月，我告诉大家Achilles其实是我弟弟。然后呢？再往后的一个月，大家对他不一样了，他的主管也不叫他做事。纵使我反复说：“没事的，你多让他做点事，整理数据、做PPT、端茶、送水、打杂都交给他，做得不好就批评他……”但他的主管还是不方便“使唤”他。

实习结束，我问Achilles：“闲着的感觉好受吗？”

“不好受。”

“身份定位不清晰、角色管理不到位，你失去了什么？”

他答：“失去了在这个身份角色上学习的机会。”

我曾在一本书里写过：在职场，IQ低影响升职，EQ低影响生存。看清来路，知道你是谁，尊重职场环境各方伙伴的安全领域，相当重要。

第四节　活出真我，无畏他人眼光

蒋方舟说：“黄金时代永远在身后。无人能够改变的是，时代的火车往前开——拉着那些愿意的，拖着那些不愿意的。”其实我并不认同，我认同马克·吐温说的：“黄金时代在我们面前而不在我们背后。”

人类智慧在寻求“想要”的过程中迸发，逐步实现。所以，时代的发展是被人类之众力推动的。人，难道会往自己“想要”的反方向使力吗？

如今已是2020年，一个仿佛像科幻电影中的年份已经真真实实地到来。随着“00后”大军挥舞着自由意志的旗帜冲向社会，代际革命已然发生，沟通方式、价值理解、权力结构……使得年长者不得不应对。我们势必要接受当下的理念，在合理合法的前提下，不侵犯自由意志，尊重个人边界。

边界感，在思想独立的个体中显得尤为重要，已经不再是“渴望”，而是逐步变成了人际关系的“基础”。

著名主持人汪涵，在娱乐圈人缘不错，却说：“对于人际关系，我总结出了一个最合乎我的性情的原则，那就是尊重他人，亲疏随缘。我相信，一切好的友谊都是自然而然发生的。我还认为，再好的友谊也应该有距离，太热闹的友谊往往是空洞而且是无物的。”可见，过分热情和较好人缘之间并无正相关的关系。反而，当朋友想独处的时候，我不打扰，才是最大的体贴与善意。

我在一个清晨，被道路旁的桂花香吸引，走进公园。池塘和柳树都安然无恙，我坐在石阶上，清风和桂花香像商量好了在我的脸上跳着舞。一位阿姨路过，问我几点了，瞬间把我拉回现实。挺好的，哪怕只有一秒钟能够对一个陌生人帮上忙。

最让我感到舒适的，是不必产生多余的联结。

我的确是个“喜欢独处，时不时需要能活在自己的世界里片刻”的人。大量独处时间，有个最大的好处是有机会思考，现象、逻辑、知识、默知识。然后，仿佛是生活的旁观者，冷静又感叹地看着身边的人真真切切地生活着。

在微博上看到很多人都有与我类似的感受：发微信给

我，我没回，但在发朋友圈；或者约我，我说不想去，但在一个人游走……不要多虑，那不是针对任何人，那只是因为当下我不想和真实世界中的人相处。

工作以外，我当然是可以不回消息，想回就回，不想回就不回。别人都没有不好意思打扰了我，我为什么要不好意思不回消息？当然，工作要回消息，因为职业素养、商业规则、契约精神。工作以外，不好意思，谁也别勉强我。我可以更关注自己、关心自己在意的，而无须花哪怕一秒钟周旋在并不想关心的任何人和事上。

我向来不在意他人的眼光，所以才能活出真我，内心自在，幸福自由。

第五节　女性，因拒绝而高贵

别人都没有不好意思对我提过分的要求，我为什么要不好意思说“不”。这是我在拒绝别人时心里常有的潜台词。

商科学生应该都学过“组织行为学”吧？记得我念MBA的时候，那可是管理学一门重要的大课，课本是一本厚厚的英文原版书。其中在组织行为学企业管理的应用中，讲到关于组织结构时，有一个词叫“Organizational Hierarchy（组织层级）”，有High Hierarchy（高层级）组织和Low Hierarchy（低层级）组织之分。我们常说的扁平化组织，就是低层级，指在组织的决策层和操作层之间的中间管理层级越少越好，以便组织尽最大可能将决策权延至最远的底层，从而提高企业的效率。与“扁平化”相对的是“金字塔”。这两者皆有优劣势，以企业不同特点或者发展的不同阶段而被选择与存在。现在创业公司越来越多，创业公司本身规模就不大，所以大多扁平化管理。扁平化组织有它的好处，比如弥补“金字塔”组织的缺陷，由于层级少，信息在上下级之间流动的路径变短，所以提高了沟通效率，加快了对外部变化的反应。美国麻省理工学院教授D.韦斯特尼、约翰·范·马林等人在总结管理界对新组织的论述中，认为新组织有这些特点：网络化、扁平化、灵活性、多元化和全球化。而在这样的组织结构中，影响力并非完全来自职权，知识、信息、人格魅力等有时往往超过职权的影响范围，在决策和日常运作过程中发挥更大的作用。所以，年轻人在这样的职场环境中工作，更注重的应是内心真正的信服，而不是心甘情愿地听从硬生生的指令。

圣地亚哥州立大学心理学教授简·M.腾格（Jean M. Twenge）博士在他的《Me世代：年轻人的处境与未来》一书中提道：新世代的年轻人不像我们那么渴求外人的肯定，相比之下，他们更看重的是自我肯定 。

无论是企业发展方式还是营销方式，旧模式渐渐被新模式取代。当然并不是说旧模式完全没有可取之处，而是说旧的那些适应当代企业发展的部分被保留，加之适应当代的其他手段，进化成为新的模式或方法。比如，过去可能关系文化、服从文化、酒文化在职场还颇有影响，但现在越来越失去其效用。从社会发展来看，年轻一代才代表未来。既然如此，我们为什么不顺应时代发展?

菌菇君是早期加入我创业团队的人之一，“90后”，当年以校考第一名考入西南交通大学广告系，在我们公司负责营销创意。为什么取名“菌菇君”？因为就像早期磁带被卡住的声音：叽咕叽咕叽咕……算是体现了某一个与音乐相关的时间定格。

虽从事Marketing（市场营销），但菌菇君却不是个喜欢与人social（社交）的个性。起初我暗暗着急，觉得一个做Marketing的人怎么能老喜欢宅着呢，便要求他应主动多和人交流，总之就是把我脑海中Marketing人士的形象套在他头上，希望他开化。他毕竟是个有进取心的人，于是尝试改变。

在一次政府主办的音乐产业大会上，来了好些明星。会议结束后，我作为嘉宾被工作人员安排往午餐的方向走，刚离开座位没两步被几位与会者围住，聊了几句。另有位明星嘉宾不打算用餐，眼看他即将离开会场，菌菇君快速上前，向他做了自我介绍。我结束这边的寒暄，过去的时候，菌菇君正在向那位明星嘉宾介绍我们公司……尽管聊得十分生硬，但他尽力了。他服从了我的期待，突破了自己。可，这真的对吗？

又有一次，在办公室内，我说："明天有个西班牙晚宴，朋友邀请我去，可以带上团队的小伙伴。你们谁要去？"几个人纷纷要求参加，唯独菌菇君除外。我问："晚宴在金茂，应该还可以的，你不去？"菌菇君看着我摇摇头："不去。"我说："好。"他一脸舒坦。

我向来对大家直白地表达想法非常尊重，他的"say no（说不）"，我条件反射地说OK。说完，回到自己办公室，我开始反思，虽然有些人喜欢赴所谓高大上的宴会，但有些人不喜欢。比如我，邀我去安静的品美食可以，和聊得来的人进行"小而美"的聚餐可以，但去应酬大量陌生人便需要一定的内心自我建设，说明后者让我并不享受。连我都如此，推己及人：既然有同事认为"赴高大上的宴会"是机会，那么当然也可以有其他同事认为这是应酬。我不是个接受多元价值观和多元文化的人吗，那为什么我不能接受"菌菇君不是个社交咖"这个事实呢？

从事Marketing的人一定要像我脑中的刻板印象，才叫优秀的Marketing人吗？ Marketing People不能封闭，但"不奔放"不代表封闭。有些人尽管内向，但可能非常open-minded（思维开阔）；有些人虽然外向，但可能内心狭隘或者judgmental（爱妄下判断）。菌菇君能听得进意见和建议，愿意尝试，并不封闭。沟通也不是“说话”。沟通分为专业领域沟通和非专业领域沟通，后者可以是人情世故、关系维持，甚至单纯的放松娱乐。但前者具有非常明晰的目的性和导向性。菌菇君虽不喜欢与人面对面攀谈，但喜欢自己看资料、想创意、和人在网上用文字聊事儿。

他明明可以在办公室处理许多需要被处理并且他专长的事，我为什么要他去应对不一定非要他应对的人？这是不讲究效率啊。就像我让园丁去泡茶，他花了10分钟泡一杯茶端上来。我虽省下了需要自己泡茶的时间，可若是我泡茶，只需要5分钟。所以，从团队共同的时间上来说，我来泡这杯茶省下了5分钟，更重要的是，园丁节省了他不擅长的泡茶的10分钟可以用来干他擅长的栽植。

所以，“不服从”并没有不好。坦率表达感受，能够让他人更多地了解你，才知道如何更好地与你相处。我之前期待菌菇君能落落大方地与人侃侃而谈，是基于他曾一度说“嗯”的误解，吃不准他到底是把那认为是锻炼和见识的机会，还是勉强而为。后来猜到是勉强，我就调整了策略。

相信你的老板，真实告知你的想法，他会做出决策。

我们可以这样推理：

你老板让你做一件事，你觉得这事该做，这事就做了。

你老板让你做一件事，你觉得这事不该做，出现了意见分歧，你服从。若结果是发现这事果然该做，那么你吸取教训就是了；若结果是发现这事果然不应该做，那么是你老板吸取教训。

你老板让你做一件事，你觉得这事不该做，出现了意见分歧，你不服从。若换人做了，结果发现这事果然是该做，那么你吸取教训。这教训和代价可能是有形的，也可能是无形的。有形的比如老板当众批评了你，无形的比如他对你默默地没了好感。若换人做了，结果发现这事果然不应该做，那么是你老板吸取教训。这教训和代价可能是有形的，也可能是无形的。有形的比如损失了钱、时间，无形的比如员工暗暗觉得他缺乏智慧。

最后这种情况再延伸分析，若是你老板交办的事，你不服从，你没做也没有换人做，这事就此作罢。但时间会诉说答案，到底是你老板还是你才是那个英明的人。日积月累，若你老板有非凡成就，而你混的不尽人意，可能你是那个固执的不吸取教训的人。若你有非凡成就，而你老板却每况愈下，可能他是那个固执的不吸取教训的人。

对于不同意见，低位者能够选择服从还是不服从，高位者在面对不服从时选择原谅还是不原谅。若你老板眼里容不得沙子，也许你得早晚离开，但也可见他是多不大气的Boss。你们之间缺乏“人和”，你离开也未必不好。若你老板兼听开明，包容不同，会从“人和职位”合不合适的本质考虑，而不会在“用人”上有过多的个人情绪。

我在巴黎留学时，曾做过一个小调查，采访了来自20个国家的30位同学，请他们对一些我们设定的问题给出自己的观点。

有一期的话题是“老板傻要不要告诉他”，总结老外们的见解：首先搞清楚是自己傻还是老板傻，“屁股决定脑袋”，可能是你没有领会老板的思路，他没把做事的逻辑解释给你听，你理解不到位，所以，傻的可能是你自己。

若真的遇到了傻老板，你就找机会告诉他。他若能理解，便皆大欢喜；若不能，你要么好好工作，要么换部门，要么离职。只能这样，道不同不相为谋。

回溯过去的每件事，你和你老板分别对事的应对：思考方式、格局风范、决策执行、对待与自己不同意见的态度……这些其实就是发展轨迹的记录。

所以，强扭的瓜不甜，要尊重彼此，没必要强行踏入对方的边界。是非好坏大不了交给时间，人生前行途上会让你们各自买单。

请问，常常收到有人发消息给你嘘寒问暖，或者你不想赴约的人经常约你吃饭，你怎么办？

我早已过了会因为被人追求而沾沾自喜的阶段，遇到被没感觉的人追求，对方做什么都像打扰。所以，我选择：不回。

刚开始选择不回复，觉得会不会不好，显得好像自己摆架子，连人家的消息都不回。但习惯不回复后，心态超好：他都没有不好意思一直打扰我，我为什么要不好意思不回复。

社交场合也类似，有些人拼命想去认识别人，有些人拼命不想被那些人认识。有人觉得："给你发消息，你不回，你以为你是钢琴家就了不起啊！"钢琴家觉得："当初在饭桌上，你提出要加微信，碍于不让你尴尬，不情不愿地加了，但你这样隔三岔五给我发信息，想谈合作。可我不想，真是打扰。"

可见，礼貌是相对的。互相觉得对方不礼貌，那就各自按自己舒适的方式应对，反正本就不属于一类人，何必非要硬融？就算真的让你们认识了，难道你真的要合作，要用钱和时间来试你们有多不融？

以下是我与某个人的对话，特地翻开微信复制粘贴出来的。我与这人不熟，且称呼他为R：

R：“国庆快乐！”

我：“国庆快乐。”

R：“计划去哪里玩？”

R：“今天就放假了。”

R：“来个不期而遇的旅行？飞美国？或者飞摩洛哥？”

R：“要么来个自驾游？”

R：“或者喝喝下午茶？”

R：“聊聊天。”

R：“你在哪呀？”

R：“我来接你吃饭？”

我：“不吃。”

R：“看电影？”

我：“不看。”

R：“想去自驾游，一起去吗？”

我：“不去，你别约我了。”

隔了几天，R又来：“约饭吗？有家西餐厅不错。”我没回。

又隔了几天，大概是看了我的微信朋友圈，过年在山里闭关写书，R又发来：“新年快乐！在哪个山里？”我没回。

我想对这些人说：“我真的不想回。没有删掉你，就是我最大的礼貌。”

给大家支个损招，虽然我自己尚未试过。如果遇到你不想理会的人，没有边界感地经常来打扰你，你就问他借钱。

我们怕拒绝别人，本质上是因为我们善良，不想让对方尴尬或难过。可委屈自己的结果是耽误双方的时间，给对方我们也许会接受的错觉。两利相权取其重，两害相权取其轻。连法律文件上都会强调“真实意思表示”，意思是指行为人表示于外的意思与其内心真意相一致。平常职场与生活中的我们，在可以选择的情况下，为什么不珍惜真实意愿表达的权力。与其浪费时间、浪费期望，不如Say No（说不）。第一次说，可能会不习惯，没关系，多说几次你就会觉得非常爽——不需压抑，勇敢释放真实意愿的快感。

一个人的幸福感，与这三点密切相关：参照系、成就动机程度、本体安全感。

这里我们说说安全感和参照系。

心理学中有个词叫“锚定效应”，意思就是人们对某人某事做出判断时，易受参照物影响，就像锚一样，把你的思维固定在某处。营销中常用到“锚定效应”。比如，超市的商品标价，原价59元被一条横线划掉，标上优惠价33元，你就觉得很便宜。因为59元就像锚，先被丢进了你的大脑里成为第一信息，你认为那才是商品原来的价格。

你内心判断自己是否幸福，也受参照物影响。别人的成就像在无形中给你设了一个“锚点”，你在潜意识里以他人的条件和资源作为参照系。若别人拥有的远远大于你拥有的，可能你就会感觉不是很幸福。但其实，别人拥有的是别人的，和你并无关系。

我们的幸福感，往往不取决于绝对值。

再说安全感。心理学硕士、心理咨询师保罗G在《安全感》一书中说：“安全感是一种让人舒心的、愉悦的、永恒的情绪体验，每个人的核心安全感都是由‘锚点’决定的，不会随着外界的变化而丢失。”

这个锚点又是什么呢？我查阅了许多资料，归纳了研究者们的论述，安全感的重要来源是“重要他人”，比如父母等。这容易理解，“幸运的人用童年治愈一生，不幸的人用一生治愈童年”。社会文化精神分析的代表霍尼认为儿童在早期有两种基本的需要：安全的需要和满足的需要，这两种需要的满足完全依赖于父母。我觉得这可能就形成了常言中的“他是个乐观的人”或者“他是个悲观的人”。

每个人都有自己的安全感水平，这个水平就是锚点。生活中的愉悦发生，会带给我们短暂的满足与幸福感，但当欣喜褪去，我们的安全感还是回归到原来的水平。拿我成为作家来说，刚发行第一本书的时候，简直像做梦一样，甚至还练签名呢，想象给读者签名的画面，不敢相信居然能实现。可过了一段时间，也就渐渐恢复平静，我还是那个9.5分乐观的我。再后来，出了更多本书，每每相较于第一次听到我是作家的人们的惊叹，我不再感到惊喜，因为这对我已经是事实。相信你们也是，第一次买车时爱不释手，车开了一阵子便渐渐恢复平静，你本身的安全感并没有因为拥有一辆车带给你的愉悦感受而提高。

生活中的创伤发生，也大致如此，时间治愈这些难过的心情，我们的安全感还是回归到原来的水平。我之前在巴黎地铁上，因为扶一位盲人进车厢坐好，而被偷走了钱包，记得当时被偷的还有护照、银行卡和现金。刚发现的时候很震惊，可我很快就恢复平静，还特别淡定地去警察局报案。我还是那个9.5分乐观的我。相信你们也是，昨晚忘记定闹钟，上班迟到近两小时，想象主管生气的脸，焦虑、恐惧，可过了一会儿，便渐渐恢复平静，既如此则安之，迟到已然发生，想想等会儿怎么道歉和下次如何防范吧，你本身的安全感水平并没有因为一次焦虑体验而降低。“不必为打翻的牛奶而哭泣。”

比如乐观的人，面对一次失败的经历，觉得失败是成功之母；而悲观的人，面对一次失败的经历，却可能一蹶不振。所以，安全感水平因人而异，而个人的安全感水平，最早是由“重要他人”给予的。

既是如此，若同样一份时间，在维护与“重要他人”的情感和与“其他人”的情感之间，当然选择前者。想想，你在外受了委屈，回家把情绪发泄在父母身上，他们的感受如何？再想想，若是你小时候，父母在外受了委屈，回家把情绪发泄在你身上，你的感受如何？是不是就是你“悲惨童年”的开局？我认为，在一段关系中，相对弱者的安全感来自重要关系中的相对强者。假若你父母已经年迈，你在外受了委屈，回家把情绪发泄在他们身上，他们该多没安全感？

奥地利精神病医师、心理学家、精神分析学派创始人弗洛伊德假定：当个体所受到的刺激超过了本身控制和释放能量的界限时，个体就会产生一种创伤感和不安全感，伴随这种创伤感和不安全感出现的体验就是焦虑。你的幸福，不会因为没有服从别人而改变，但会因为压抑而暗暗滋生焦虑和不安全感。所以，难道不应该反过来吗？在外，你应该不卑不亢、坦然自在，让自己舒服，以舒服的状态与重要他人相处。从而，你的“重要他人”也舒服，反过来也能以舒服的状态与你相处，形成良性循环。

女性，因拒绝而高贵。不会拒绝，边界模糊，容易滋生不安全感。安全感是由确定感构成的。在边界模糊的时候，什么事情可以做、什么事情不可以做，便不清晰。不如你坦率告知“OK，这个我喜欢”，或者“不，这事我不想做”，或者“对不起，请不要过度依赖我，我需要自己的时间”。规则明晰，边界明确，敢于说“不”。尊重安全地带，彼此才能安心自在地相处。

第二章 自我

我见众生皆草木，唯你是青山

自我意识表现为认知的、情感的、意志的三种形式，分别称为自我认识、自我体验和自我调控。[1]

有的时候，我们会拿“自我”形容一个人，往往是贬义。可是“不自我”就一定好吗？如果我说“这个人太不自我”也一样并不是在夸赞吧，仿佛在说：“你看看，他连自我都没有。”所以，凡事皆在一个“度”字。自我，得在一个“恰如其分”的程度，才是刚刚好。

一个人若没有“自我”，仿佛像是没有灵魂一般，既然无法感知自我，又如何通过感知自我而感知别人？无法对自己的情绪和感觉做判断，又如何能理解别人的情绪和感觉？感受自我的第一步，就是认知自我。我想用管理学中对于产品定位的分析，来探讨这个话题。

管理学中有个非常著名的营销组合，称为“4P”，是由美国营销学学者杰罗姆·麦卡锡教授在20世纪60年代提出

---

[1]苏京，詹泽群．大学生心理健康教育第1册[M]．天津：天津科学技术出版社，2009：37-39.

的，分别指产品（Product）、价格（Price）、渠道（Place）和促销（Promotion）。这是从产品角度出发，针对产品的本身、它的定价、它投放的渠道以及如何促销它，得出这款产品的营销策略。

首先，产品，即产品本身的属性。对人而言，就是：我是谁？我长什么样？我会什么（即像产品有哪些功能）？

价格，指的是产品的定价。用在人身上，可以是人在社会大环境中的“议价权”，从侧面看可反映出一个人的“话语权”。

渠道，即指产品在哪些渠道销售。而人的“渠道”，就是所享有的以及能触及的资源。

促销，本意是指营销者向消费者传递有关产品的各种信息，说服或吸引消费者购买产品，以达到扩大销售量的目的。促销实际上是一种沟通活动。对于人来说，可以指人向外传递自我、与外界沟通的方式。

回归到“自我意识”这个话题，理清自己在现阶段的“4P”，有助于自我认知，明白我是个怎么样的人，我以什么样的方式与外界沟通着，然后恍然大悟：怪不得我如鱼得水，因为我具有豁达的个性、我与人为善、我很有分寸感、我向来就事论事、我总能以理服人、我能力不错、我拥有不少资源并且懂得善用、我懂得社交取舍、我珍惜同类的遇见又包容不同的声音……或者，自我认识到“怪不得大家那么讨厌我”，因为我自私小气、我常常说谎、我总是不敢正面质疑、我能力不足但野心很大、我付出不够却强迫大家帮我、我不想学习却希望一夜暴富、我曾因贪小便宜而伤害别人……

“自我认知”的同时，情感上的“自我体验”也产生了，我的感受、自爱、自尊、自信、自卑、内疚、自豪感、成就感、自我效能感……就这么伴随而来。

而当我希望更多地去体验那些良性且美好的情感，便“自我调控”，自觉、自立、自主、自制、自强、自信、自律，我会“自我控制”甚至“自我教育”。

自我认识、自我体验、自我调控，三方面整合一致，便形成了完整的自我意识。可见，自我意识，是人之常情。

第一节　高敏感是一种天赋

网络综艺节目《奇葩说》里的邱晨，是我蛮喜欢的一位辩手，毕业于香港中文大学，从节目中的观点阐述看得出她思辨能力颇佳。她曾说："每一种情绪都值得被聆听，而不是被消灭。"是的，心理学上讲，情绪其实是一种自我保护，负面情绪也是。西格蒙德·弗洛伊德提出"心理自我防御机制"，认为当自我以理性的方式消除焦虑而未能奏效时，就必须改换为非理性的方法来缓解焦虑，从而达到自我保护，免于发生身心疾病的目的。

哪些是大家认为的常规的负面情绪？愤怒、恐惧、焦虑、失望、嫉妒、自卑、抱怨……过去常有人劝解我们要消除负面情绪，可却少有人劝我们正视它们。

比如你的手触碰到滚烫的水杯，你会"非条件反射"地缩回手，这是人体神经系统的调节在保护你。当你遇到危险，你希望自己的身体反应是敏感的还是迟钝的？显然，应该所有人都会选择前者。既然生理上的反应让你免受伤害，比如遇到会吃人的野兽你撒腿就跑，你能理解，那么为什么心理上面对伤害，就不允许自己逃避了呢？

拿焦虑举例，面对这本书离约定的交稿日越来越近，我的焦虑情绪越来越高，就和毕业论文写不完毕不了业一样面临着压力。如果我推掉当前两个月内所有不必要的饭局，每天晚上坚持写两千字，周末写五千字，那么焦虑促使了我的自律与行动。如果我寝食难安甚至无法直视Word文档，只要一打开书稿就想去洗手间，那么焦虑阻碍了我完成目标。所以，是焦虑本身错了吗？不是的，是运用焦虑的我带给了自己不好的结果体验。

再举个嫉妒的例子，你是个对自己有要求的人，和另一个各方面条件都与你差不多的人在同一家公司。你们常常一起出席活动，但大家总是对他赞不绝口、喜爱有加。如果你开始观察和思考大家喜欢他的原因，改进自身不讨喜的地方，那么嫉妒在让你学习更好地融入你所期望融入的社会环境。但如果你仅仅认为那是大家对他的偏心，并且开始背后说他的不好，那么嫉妒让你产生了酸葡萄心理，试图用丑化对方、贬低他所得到的肯定，来掩盖挫败感，从而达到内心平衡。所以，是嫉妒本身错了吗？不是的，是运用嫉妒的你带给了自己不好的结果体验。

情绪本质上并没有好坏之分，它是与人共生的。我们懂得情绪，才能利用情绪的力量做情绪的主人。

接着，我们来说说敏感。“你这人也太敏感了吧”和“你这人怎么这么不敏感（换言之：你这人怎么这么迟钝）”好像都不是赞美。皮肤的敏感反应，是让你停止使用刺激你皮肤的护肤品。那么精神上的敏感反应，是让你更好地观测环境，以做出更佳的应对方案。

百度词条在解释“敏感”一词的文中说，敏感的人恰恰对分析推理很擅长，并且对事物规律的总结很强，这是一种能力。敏感的人并不是缺乏安全感，而是对一些事物的是非对错很容易发现（如骚扰与关心的区别）。

丹麦心理治疗师伊尔斯·桑德写过一本书《高敏感是种天赋》。书中说，敏感不是缺陷，而是与生俱来的气质、最特别的礼物。

前几天微博上有条热门新闻，刚合作一部电影的两位演员接受采访，被问到合作时最受不了彼此什么。男演员说在拍摄一场哭戏的时候，女演员频频上厕所让他无法入戏。当着镜头，女演员素养很好，本想当作玩笑应对，可还是忍不住哭了出来。主持人暗示男演员没有绅士风度，可男演员好像并没看出女演员是真的感到委屈。可以说，在那个采访中，男演员是相当不敏感了吧？不敏感就一定讨喜吗？网上各种评价袭来，说男演员“情商低”“不尊重人”“把别人私密的事情说了出来”“把素质低当耿直”……瞧，采访的当下，男演员的不敏感，伤害的是女演员，而放到社会大环境中不也伤害了他自己吗？

敏感是一种能力。这项能力越高，说明观察到的信息越多：环境中的声音、光线、味道、温度、湿度、气味……环境中人的面部表情、情绪状态、行为动作、肢体语言……

我曾在一个饭局遇到这样的场景。一位刚创业的女性，非常希望在短时间内能向在座的新面孔传递出自己的能力、业务的强项和不错的人脉资源。正巧此时来了一位合作伙伴的电话，她便故意提高音量与电话中的人聊了起来，言语间透露着那些“证明自己”的信息。在这个“人人皆媒体”的时代，尤其是创业者，把握时机推销自己，很好理解。众人安静地吃着菜。两分钟后，她结束了通话，回过头继续吃饭。就在拿起筷子的时候，坐在她边上的一位长者说话了。为了照顾她的情绪以及她在员工心目中的形象，长者委婉地说：“电话可能还是出去打比较礼貌。”可见，这位女性是敏感的人没错，她能感受到这个饭局的气氛非常有利于聊工作，应该说那就是为了聊工作才组的一个饭局。然而，她的敏感还不够。她不了解那位长者是位严谨的绅士，没明白当众打电话的感观并不好。甚至也没有知会电话那头的人，此时此刻是一桌人在听他们打电话，另外，一桌人也尽量自发地保持修养，避免在她打电话的过程中说话，怕打扰到她。可见，这个“精巧的心思”反而弄巧成拙，没有为她加到印象分。

我们在管理学中常说的一个词叫stakeholder，翻译为中文是“利益相关者”，在企业中往往指投资者、管理人员、员工、顾客、供应商，以及企业外的政府部门、社区等与企业有权益关系或者关联的人。stakeholder不是shareholder（股东），不一定是股东。当然这些关系或关联，有些大，有些小；有些深，有些浅，决定了企业对其不同的负责程度。而我想用这个词来形容在一个环境中，会对你造成影响的那些人。若是一个环境中的所有人都不会与你产生任何关联，你都不需要在乎，那表明这个环境中，没有你的stakeholder（利益相关者）。

你从一个陌生的A地走到B地，过程中遇到的人，也许这辈子都不会再见，你便没有和他们打招呼。你从家走到马路对面的便利店，过程中你也许会和门卫打招呼、和路过的熟人打招呼、和便利店的阿姨打招呼，因为你和他们还会再见，他们会在心里不自觉地对你的“礼貌或不礼貌”暗暗评价，然后在下一次与你见面时反映在他们对待你的态度和行为上。如果你从一个陌生的A地走到B地，遇到一位老奶奶摔倒了（我说的是真的摔倒了，不是碰瓷），你会怎么做？

曾经在网上有这样一则视频，是国外做的一个街头实验，实验发现哪怕有遇到人摔倒并没有打算将其扶起的路人在抬头看到墙上的摄像头后，都会转过身回去将他扶起。因为，我们大部分人是在乎社会评价的。为什么我们在乎社会评价？如果社会评价对我们的工作、生活不会产生任何影响，我们会在乎吗？我们不会。正是因为社会评价对我们的工作、生活会产生影响，所以我们在乎。

再回来说老奶奶摔倒的例子，你觉得那条是陌生的路，鲜有人认识你，也没有摄像头，怕有古怪，或是赶时间，抑或是觉得反正有别人会扶，于是就狠了狠心，走了。没想到行路匆匆，差点撞到人，一抬头，发现是自己公司的主管，原来他住在附近，又恰巧目睹了全过程……

几年前有个电影，叫《搜索》，讲的是一位女白领在公车上不让座的小事，而引发了蝴蝶效应般的网络暴力，以致被逼到生活的死角的故事。

我们发现，虽然没有摄像头，但经过我们身边的眼睛，在这个网络时代，就仿佛一个一个“摄像头”，在检视着彼此。而那些熟悉的、认识的、陌生的人，都可能对你产生影响，或深或浅。他们都可视为你的stakeholders，若是对你起重要影响的，便是关键的stakeholder。比如在那位创业女性参加的饭局中，那位长者是饭局里她最想建立合作关系的人，可她没有把握那位长者的处事态度、接收信息的方式和沟通风格，或者说，对于环境中关键stakeholder的情绪状态不敏感。

可是，我们需要在乎所有人吗？当然不啊！如果你对所有人一样在乎，不就表明所有人在每个时刻对你而言都是同样关键的stakeholder？显然不是。

就比如刚才，晚上十一点，我正准备写这一章节，写之前扫了眼微博，看到有人发了“热红酒”的图，勾起了食欲，便点了杯热红酒和牛肉烤饼。等餐的过程中，我在好友群里发了一句：“我在写新书了，我觉得我需要努力，不然永远见不到肖战。”群里一位在美国的教授朋友回问：“肖战是谁？”答：“是我喜欢的一个明星。”他回道：“为啥不靠你的歌征服他？”因为他觉得我既是作家也是音乐作词人，写歌更快，为什么不专注写歌。我答：“不行啊，要多方面努力啊，不然见不到他。”我想表达的是：除了写歌写书，还包括创业、运营公司，也都得努力。但没有继续补充说明，因为当下文思泉涌，执笔写作比解释给他听更重要。并不是说，他不重要，或者我不在乎他，而是在这个moment（时刻），有写作内容又怕转身就忘的时刻，我自己才是此时此刻最重要的stakeholder，我首先应该处理自己，应对自己的思路和写作。而他，等之后有时间、有意愿的情况下，再解释也没关系，他不在文娱领域，隔行如何山，解释需要花时间、花力气。其实甚至永远不解释也没关系，因为他对于我写作这件事的决策和结果，几乎没有影响。我直接关掉群聊窗口，是因为我没有意识到或不在乎他人感受吗？不是，我是基于对他的了解，我们一直以来的互动表明他不会对我此般反应有什么误解与反感，也是基于对于当下环境与情势的判断。

《搜索》这部电影呢？如果女主角知道公车上的其他乘客在拍摄的视频会造成不利影响和后果，她还会是这样的态度吗？可能她不会对大爷说出坐她腿上的赌气之语，而是说明她正遭遇了非常不好的事，身体很虚弱，想坐一会儿，希望对方体谅。然后，继续沉浸在她得知自己患癌的绝望中不再理会旁人。若此时老爷爷再不依不饶，旁人再拍视频，所掀起的网上舆论恐怕也比一边倒的指责的伤害度要小一点。也许你要说，女主人公遭遇如此晴天霹雳，没办法理性面对突如其来的“干扰”，完全情有可原。没错，那么那位想让她让座的老先生呢，被突然怼回来，不明真相，产生大大的误会，不也情有可原吗？这个“情有可原”是因人而异的，因人的长期修养和惯性做法而异。因为我们一直以来受到的教育是具备同理心，所以观看电影的时候，我们当然同情弱者，前提是我们是观影者，我们知道真相。而对于电影中的老先生，他的反应正是“尊老爱幼”价值观的唆使，站在他的角度，他也觉得自己理所应当。在现实生活中，这样的例子少吗？

也许你们要问，生活中总是这样，存在着不同的价值观，也不得不和不同价值观的人有所交集，难道必须接受这样的无奈吗？

恐怕是的。未必接受，但得承认。

而我们能做的，就是最大限度地保护自己。承认这种无奈，是“边界感”的第一步，边界感并不是让大家彼此井水不犯河水，而是在感知周遭的过程中，找到让自己最舒服的和周遭相处的模式。其实，**越有边界感，越自由。**

承认这种无奈，不是对于“加害者”的合理化，而是我们要正视和理解世界存在的现象，理解“存在即合理”，这个表述太绝对，我本人不喜欢太过绝对的论述，换一种表达方式：存在即是有一定程度的合理性。

加害者不会为他们的行为付出代价吗？电影《搜索》里那些拍摄视频上传网络的人、那位断章取义的记者，所付出的代价，便可能是得知真相后深深地自责。若舆论逼死人后都无法让这些人愧疚与痛苦，那他们付出的代价，是一个人所应有的良知本身。而这个社会，在一个人一生的时间长度中，并不会善待一个没有良知的人，他会在他自己的人生中，付出代价。

得知噩耗心情跌落谷底的悲伤理应被理解，但是因此便可以拿悲伤的情绪去羞辱别人了吗？有人又会说：“她好好地坐在自己的位置上，是那位老先生非要让她让座的，他先挑起事端的。”那尝试想家这样一个场景，一位中年男子，上有卧病在床的父母，下有上着学的孩子，妻子没有工作，是全家的精神支柱，突然被通知裁员。他失魂落魄地走在路上，五味杂陈中更突出的是悲愤，此时正巧有个孩童在路边玩耍，不小心撞到了他……你们觉得此时他是继续落寞地往前走合理，还是给那个孩童一顿揍合理？

有人在自己万分悲痛的时候，选择躲起来，或找人倾诉，或看心理医生，也有人选择去伤害别人。伤害别人是情绪的错吗？不是，是被情绪左右的你，选择为善还是作恶的是你自己。

敏感在于你对于人性的洞察，敏感带来的好与不好取决于你洞察力的准确与否。而你的反应，是基于敏感让你感知到的信息，结合你自身的修养和特点做出的。

比如，你被老师批评，正好几位同学路过，你觉得羞愧且尴尬，接受完批评后，你看到刚才路过的那些同学在说话并伴随着时不时的大笑，你认为他们在嘲笑你，于是对于往后他们寻求你的一些帮忙便爱搭不理。如果那几位同学正是平时爱八卦、爱酸别人的人，那么你的敏感可能是好的，它使你防止今后再犯错被老师批评而成为他们的笑柄，也防范你对他们过于信任、交浅言深。但如果那几位同学平时并非嚼舌根之人，向来磊落并且待你友好真诚，你的敏感可能未必是好的，因为从“历史记录”看，可能是你过于敏感，误会了他们。而你对待敏感的反应，若你是什么事都埋在心里不与人言说的风格，无论是猜中还是误会，恐怕都很难释怀。但若你是直白干脆、乐观开朗的人，无论猜中还是误会，都不会太往心里去。

比如上个月，创业者Janice通过一个活动认识了我的一位朋友Tesia，同在那个活动，Janice也介绍了她的朋友Ben给Tesia认识。后来因为业务有相关，Ben和Tesia差点合作，之所以最终没有合作是因为Tesia发现Ben并不靠谱，属于信誓旦旦但没有一件事搞定的类型。Tesia当机立断取消了合作，Ben对此不满在心。突然一天早上，Tesia收到Janice的微信，对方难过指责为什么Tesia在背后说自己坏话，Tesia猜到是Ben在挑拨离间，向Janice解释完之后，便甩下一句话："我比你大十岁，把你们这年纪的女孩儿当妹妹看待，完全没必要在别人面前中伤你。这点认知你没有吗？之前你问我一个问题，为什么你经常识人不准，不好意思，恐怕是你自己对于人性的敏感度不够，但却敏感。知道为什么别人挑拨离间在你这里产生了作用吗？因为你过于敏感，觉得只要是女生都对你有敌意。"

敏感就是想得多，正面是思虑周全，反面是——想太多。

如此，也不难理解为什么像Janice这么漂亮又积极的女生，却总掉入人脉坑里，那是因为她敏感但对于人性的敏感度却不够，她与Ben、Tesia打交道的时间不短，却看不出Ben的不靠谱以及Tesia的爽朗坦白，所以才会落入别人的"圈套"或是"诡计"。

有一次，一位著名的音乐人到我公司来录音，晚餐时他和助理先出去了，大约隔了几十分钟，合伙人过来跟我说：“那我也先走了。”往常他先下班不会特地来和我打招呼，这次却特地过来说一声，眼神中看得出他后面还有话没说便离开了。我猜到应该是和那位音乐人出去吃饭了。他和这位音乐人吃饭不叫我，是对于我们双方来说“还不错”的选择，这里有几个层面的解释：

对我而言，我本质上并不想加入饭局，因为不熟，也因为忙。对他而言，他们认识比较久，音乐人毕竟是前辈，突然叫我一起吃饭得先和前辈说一声，而且不知道饭局还有谁，所以不确定是否方便。而且，因为我们了解彼此根本不会在意这些不重要的小事，所以说与不说，本质上也并不影响任何感觉。

但为什么他会特地跑来和我说呢？其实是他的敏感度在驱使他，也许他自己都没意识到，因为敏感度让他觉得和我说一声才是“最佳”的选择。说和不说，这是EQ的体现。

是的，说和不说，是EQ的体现，比如在这件事上，我选择了：虽然我猜到了，而且后来证明猜测准确，但是我不说。不必事事说破，因为那完全没必要——多么不重要的一件小事。

正因为对人、事、物的敏感，让我们掌握与人相处的边

界感，也使我们拥有更大空间的自由度。

高敏感，是一种天赋，并非人人具备，而如何运用得当，和自身其他特质与素质有关。怎么善用高敏感？我想应该是接受教育、增长见识、积累经验。对于敏感度不高的人，怎么训练？我想也应该是接受教育、增长见识、积累经验。侧重点不同而已。看书吧，看书吸收也可以。

我的建议是，不必在乎所有人，在你需要做出判断与应对的场景里，找到最关键的三个人或者三类人群，心里排出重要级，便自会有答案。我在一个夏天办了场小型沙龙，大约来了四十位宾客，召集人是一位前辈，也是当天的主持人。之所以办这场沙龙，是为了让这个圈子知道我们公司是做什么的。基于这个目的，对我而言，最重要的是这些宾客的整体（而非其中一两位宾客），因为我希望我能在5分钟之内表达清晰到他们能准确接收的程度。

其次是那位召集人，因为我倚赖他为往后每个月的沙龙召集新的参与者，从观察他当下的言谈举止得出他并不希望我们花太多时间广告，于是我便用不那么广告的形式和宾客互动介绍了我们公司的业务，并且将原定10分钟的介绍时间缩短至5分钟。再次是宾客中的小部分是可以和我们产生直接合作的客户，茶歇时间我们负责BD（Business

Development，业务拓展）与Marketing的同事花较多的时间与他们交流沟通。还有那些与我们公司的业务可能会产生间接合作的到场嘉宾，以及嘉宾带来的纯粹来认识新朋友的客人们……我本身不喜与人聊天，更不用说应酬或闲聊。于是看到客户们有同事们在交谈，其他宾客在互相交换名片，我便悄悄地回到了办公室把门掩上专心处理其他事。这可以直接避免我在会客厅被大家围着一个接一个地聊天。整场活动，既周到顾全了大家不同的诉求，又得到了自己的自在。

有位久居山中的老师跟我这样解析“静”字，他说：“你知道何为‘静’吗？”我问：“心静则清？”

他说，静，一边是“青”字，“青”指的是初生物之颜色，就像天空的蓝色。另一边是“争”，争吵、争夺、争抢。也就是说，无论周遭多么繁杂，你坚守初生本色、秉持初心，就是“静”。

说到这里，我教大家一个方法怎么礼貌地回避和人social（社交应酬）。一般参加宴会，我大概是最认真吃饭的那个，实在是因为不喜欢和人聊天。当有人举杯过来的时候，尽管内心很不愿面对，但还是会自然地与他聊上几句，待明白他是做什么的以及他的诉求，若是我恰巧能满足他的诉求就继续聊，若不能，便会用目光搜索在场做相关产业的人，对他说：“你做跨境电商啊，正巧那位Ivan是开网红公司的，我介绍给你们认识吧。”然后把他带到Ivan跟前，我就自然撤走。

同样的，怎么回避和不靠谱的人合作？曾有位上了年纪的贵妇，不甘心生活平淡，小生意看不上，心心念念要赚大钱，自此走出了“微商”风格，忽悠一些女生报名所谓的网红学校。朋友圈动态见我常有网红公司资源，于是就来找我合作。我与她谈过几次，觉得不落地、不靠谱，便没打算合作，可她依旧不依不饶，“热情”地找我灌输她的商业想法…… 我认识的另一位男性，经营着一家网红公司，网红培训为虚，实则赚的是鼓动女生们去医美的钱。他觉得自己缺乏企业管理经验，很希望我能去帮他管理公司几个月，以训练团队，我自然没有答应。碍于两边都希望与我合作，我一拍脑袋，说：“你们两位做的是相关产业，可以共同探讨网红生意以及合作可能，而我是做版权音乐平台的，毕竟隔行如隔山。所以，特地拉个群，介绍两位认识。”然后，便退出了群聊，他们不但不再烦我合作，而且还谢谢我帮他们介绍潜在合作伙伴。

我的应对，便是基于我本身的个性风格、对人性的敏感度，以及经验中获得的方法。

第二节　思路决定出路，眼界决定境界

有句俗语，屁股决定脑袋。思路决定出路，眼界决定境界。你在什么样的位置上，决定了你思考的角度和范围。

老板和员工，好像永远无法真正理解和感受对方的处境。老板觉得："公司活下去最重要，要赚进钱来，为什么这两个礼拜没有订单？"员工觉得："我每天都在联系，都有在做事，经常加班半小时没有加班工资，你为什么还一张不满意的脸？"

管理学中有个"代理人理论"。随着企业规模的扩大，经营企业对于专业知识与能力的要求越来越高，企业主未必拥有经营管理能力，或者有些企业主管理小团队、经营早期小规模还得心应手，但面对日益壮大的队伍，却开始力不从心，于是从外部聘请职业经理人管理自己的企业。但当所有权和经营权分离后，"所有者即股东希望经理层按股东财

富最大化的目标尽力经营管理企业。但由于经理层本身不是股东，或持有股份比例小，往往从自身的利益出发从事企业的日常经营管理。比如，通过在职消费获取除工资报酬外的额外收益，从而造成所有者利益受损。”这个称为“代理成本”，企业所有者和经理人之间存在的信息不对称，基于非对称信息的博弈，也是公司治理上有名的“代理人困境”。

虽然道理都会讲，比如公司聘请了你来当CEO，你当然应该履行好经营管理职责，做到公司利益最大化，可在现实生活中，能做到这样的又有多少?

Amanda是某公司的销售总监，每年要做Forecast（销售预测），预测当前一年和后面两年的销售收入。她在2019年初基于2016年、2017年、2018年的实际销售数据，以及2018年在谈的high potential（高潜力）项目数据（也就是说既有的、很可能会在2019年签约进来的订单情况）等信息，分析后做出2019年、2020年、2021年的销售预测。公司看到这份销售预测表，觉得满意，于是便认可这个预测作为KPI指标，实现KPI指标与否和Amanda的奖金挂钩。实现了指标，Amanda可以获得当年的奖金，奖金为Amanda月工资的10倍，没有实现指标，当年的奖金为0。如果在2019年的10月份，Amanda已经带领销售团队完成了全年指标，而意识到

2020年他们这个行业的总体情况可能不是很好，那么，11月份和12月份再可能签约的订单，Amanda会签进来吗？未必。她很大可能会劝客户放到2020年再签约付款，因为反正2019年的奖金是工资10倍，基本是定局。但从公司的角度来说，公司存在的目的是盈利，越多收入确认进账越符合正常企业主的诉求，延迟一两个月签约会增加许多变数，很可能将到手的“肥肉”拱手让人。这里，Amanda和她的上级CEO或者企业主，就存在信息不对称。

Amanda有错吗？这恐怕不是一个“有”或者“没有”便能下定论的。不知大家看完刚才这个例子有没有注意到，里面关于KPI指标的设置如果改为：若完成指标，Amanda可以拿到的奖金数为月工资的“实际完成指标/预测指标”倍，未完成指标的当年奖金为0。那Amanda可能还是会每年拼命签入订单，因为越早拿越多奖金越好，明年不知道还会不会留在这家公司，可能有更好的机会就跳槽了。

所以，发现没？只有当我们认识到并且认可“位置决定想法”，不同的位置当然会有不同的想法，我们便会懂得怎么去设立制度、方法，或者KPI指标等等。这世上难有真正的感同身受，只有理解。所以“代理人理论”的中心任务是研究在利益相冲突和信息不对称的环境下，委托人如何设计最优契约激励代理人。

创业者和投资人之间也是如此，立场不同。

创业者："我已经投入了所有精力和财力在这个创业项目里，运营了快一年，用户反馈都不错，需要资金拓展市场，现在外部融资环境恶劣，企业资金链撑不了多久了，你们难道见死不救吗？"

投资人："我们只会继续加码支持那些数据持续给力，创始人明显在快速成长的潜力公司。"对于投错了且彻底失望的公司，"不再把更多新钱浪费，是对我们自己和我们投资人最大的尊重"。

人与人的所有角色之间，都是如此啊，"不同"才是常态。

2019年底，我承办了一系列的网红达人秀：在上海办的华东区赛场总决赛、在澳门办的大湾区赛场总决赛和在澳门威尼斯人办的、汇集了来自台湾、广东、澳门、上海，以及泰国曼谷、马来西亚吉隆坡等选手的国际总决赛。在澳门的两场赛事，我找了当地的搭展公司配合，负责LED超大屏幕的搭建、背景板等制作物的制作，以及拍摄等设备类的工作。经过澳门的第一场合作，大体上过得去，但有些关键细节我不满意。于是在第二场并且是规模更盛大的国际总决赛之前，我耳提面命搭展公司一定要注意，避免再出纰漏，甚至把每一个“关键细节”都罗列出来，提出建议并反复提醒，对方应允“好的，放心吧，没问题”。可是活动当天，那些被反复提及的“关键细节”还是没有处理，对方抱着侥幸心理：如果按照童建议的做法做，需要多付几百块，不按照童的做法，也只是“可能会出问题”，不出问题的话，就省下了这些钱。

当下，我已面无表情、一言不发。把生气“表达”出来是必要的，我用脸色告诉对方我生气了，让对方在整场活动直到收尾都战战兢兢，争取把活动其他部分大体圆满地办下来。这是我表达的“边界感”信号。

正如我昨天在微博上看到一位作家说：“当朋友故意（而不是不小心）跟你开一些让你不舒服或者不开心的玩笑时，保护这段友谊的办法不是笑着化解，或者当作没听见，或者糊弄过去，而是认真告诉对方这样不合适或者直接反击。不然结果就是：界限越来越混乱，对方以为你不在乎甚至觉得好玩而不断越过你的心理界限，最后可能在一件小事上彻底翻脸。”

面对合作，也是如此。在合作过程中，遵守契约或是口头承诺，是我竖立的合作伙伴之间的边界感，对不信守约定的行为表达生气，即是在保护这种“边界感”不被打破。如果在一件“关键小事”上退让，会让对方对我的“原则”产生误解，这并不利于合作。

在那个场景之下，对外表现出生气，是需要。但从内心来看，我该不该真正气到自己？我可以，但我不想。我需要为自己排解愤怒，我尝试让自己去理解其他人的处境，以及他们的选择：选择诚信、选择靠谱，还是选择投机取巧。可是我对于靠谱的标准和他们对于靠谱的标准就是一样的吗？很遗憾不是。我认为有些关键细节没到位，整体很减分。但他们认为活动大体不是顺利办完了吗，那就是靠谱啊。所以，只能说所有经历都能带来思考，世界本就充斥着不同的标准，而我可能无法不面对更多各式各样的标准。我理解不同的立场，可以让我安放自己的情绪，比如愤怒。但是，经历带来经验，经验告诉我，以后不会再选择和他们合作。我理解，但我不接受，我选择拒绝再往来。

这里分享一个心得：哪些是可以去相信的？

我觉得那些有结果的人，或者“真实”有专业经验的人，值得信赖的程度更高。但如何判断“真实”，恐怕还得靠经验，因为那些history（历史成果）也有可能伪造。而如何积累经验，不得不承认，还是得用时间、精力和钱交换。

不要太相信“决心”，虽然“决心”也许让人感动，比如一个人在舞台上拼命说我想追寻梦想。但是，决心除了代表他很想达成之外，并不保证他有能力达成。而那种其实没能力但决心表达得很坚定的人，往往最容易把合作伙伴拖到更加被动的境地，甚至拖死。因为不到黄河，没能力但非常想达成的人，不会舍得告诉你——他真的做不到。也就意味着，哪怕你才是那个可以扭转乾坤的人，他可能因为担忧你的反应而宁可失败也不向你寻求帮助。

记得有个故事，说的是一个父亲和一个儿子，儿子想拿高处的东西，他尝试了很多办法，比如搬来小椅子，再往上垫书，可惜都够不着。最终他很泄气地跟父亲说自己使出了浑身解数但还是失败了。父亲说，你真的已经试了所有方法了吗？儿子点头表示是的。父亲说：“你忘记你身边还有我啊，你没有向我寻求帮助。”

正如父亲和孩子在乎的点是“拿到在高处的东西”这个结果，而不是“儿子是否向父亲寻求帮助”这个过程。同样的，合作伙伴之间，真正在乎的是“一起把事情达成”这个结果，而不是“一方是否有向另一方寻求支援”这个过程。

从位置出发看问题，不打破对方为人处世的边界感，强迫让他人迎合自己，观念上的异同往往就是如此无奈，我们很难把一套价值观盖在所有人头上，你认为你男朋友喜欢骑摩托车并乐于参加摩托车越野比赛太危险，爱你就应该放弃危险运动，而你男朋友觉得那就是他热爱的运动，你爱他应该理解他、尊重他；你认为10%佣金算什么，应该慷慨给，建立销售渠道得“舍得”，有舍才有得，别人觉得5%佣金好多啊，一单都没赚多少钱；你认为有些年轻人太自我，在需要你的时候才找你，这些年轻人可能却认为没有事情的寒暄会陷入尬聊，很矫情，对双方来说都是浪费时间……

从位置出发看问题，我们知道怎么设置规则，基于规则与对方相处。取人之长，补己之短，彼此找寻契合点合作或舒适点相处，规避那些不能接受的地方。

第三节　懂规则，知进退

瑞达利欧在《原则》这本书里写到，他曾经因为自己工作的运作方式，对公司里的每个人产生负面影响而感到痛苦。同事们反馈他虽非常聪明而且有创业、理解市场和资金管理、热情及活力四射、奉行很高的标准并以这样的高标准要求周围的人，善意地促进团队合作、培养群体归属感、为员工提供灵活的工作环境、给员工很好的报酬。但是，他有时对员工的言辞或对待方式会让他们感觉自己不能胜任工作、可有可无、被羞辱、不堪重负、被蔑视、被压迫，或者产生其他不好的感觉。由此带来的影响是，员工受到打击，彼此影响，工作动力降低、工作效率和工作环境质量也降低，从而妨碍公司的发展。

我并非自比瑞达利欧，他厉害太多太多，而是在公司运营上，我与他有一些相似，单纯工作层面，应该是结果与口碑俱佳的，与员工沟通层面，我虽不像他如此冒犯，但也确实直率，这和我们都希望团队极度真诚的良好初心有关。

瑞达利欧说：“和我关系密切的人理解我，不讨厌我，有时甚至喜欢我，而那些与我联系不太密切的人被我的直率冒犯。之后我意识到，在人际关系中，人们应当把各自的相处原则说得极为清楚，这至关重要。”因此，他和团队把他们的工作原则写下来，一致遵守。这一举措，让他们对理解彼此产生重要作用，也造就了后来风靡全球的畅销书《原则》。

所以，怎样可以避免边界被肆意侵犯？清晰地对外传递自己处世的“边界”，是第一步。规则只有明示，大家才有遵守的基础。我那广为流传的四句话：

懂人，懂事，懂规则。

轻松，快乐，有希望。

从容，花香，有暖阳。

要爱，要美，要开挂。

借此书，我来好好解释一下说出这四句话的本意：

懂人，懂事，懂规则，是指处世态度，尤其是规则二字，渗透着顶层设计和底层逻辑。

轻松，快乐，有希望，是指工作氛围，我希望我和团队一起能营造出这种氛围。

从容，花香，有暖阳，是指办公环境，比如我们公司每个办公室都有暖阳透过落地窗洒进来，映衬着桌上的绿植和鲜花，大家享受在这里工作。

要爱，要美，要开挂，指的是内心期待，团队充满创业热忱、学习欲望，积极向上，大家还陆陆续续在“沉思区”的书架上放满了书，这正是我很乐于看到的team spirit（团队精神），也正是潜移默化中企业文化的形成和体现。

其中第一句，“懂人，懂事，懂规则”，在社会环境中尤为重要。懂人，真正能做到的少之又少，也确实很不容易。懂人，懂自己、懂他人。懂得自己心之所向，即前文说的自我意识。懂他人，看得懂他人的微表情，听得出他人的言下之意、话外之音，嗅得出空气中洋溢着欢乐还是尴尬……或者这几点都做不到，也没关系，只要领会他人“真正的诉求”，便也是好歹抓住了本质与精髓。边界感也是建立在懂他人、懂自己的基础之上。懂事，这个词并不好把握，至少不是让大家当传统意义上的乖孩子，可以从它的反面理解：我们不要“不懂事”。懂事是一种“处世的礼貌”，非“小礼小节”，我们可以不学孔融让梨，但是对别人的谦让或者馈赠，无论大小，我们应该心怀感谢，而非理所当然，这是懂事。虽有边界，但懂事。边界感，本身也是一种懂事。最后，“懂规则”，便是遵循自古以来世界运行的规律，如老子所说的“道”，要合乎道。

明晰规则，才有利于边界感的建立。如之前的例子，我在有些场合若是遭遇他人施加给我的尴尬，会不掩饰地沉下脸来。我所展露的不快，是提醒他意识到自己越过了我的心理舒适边界，造成我的心理不适，是对方没有边界感，也可看作是种冒犯。虽然此法仿佛显得我EQ不够高、不给对方台阶下，但这是对方因为没有边界感造成自己站上台阶的，我若无视内心的真实感受，反倒会模糊对方心目中我的规则，不如就“坦诚”表达，是对自己“心情”的保护。如果对方领会并修正，那我应该给予台阶。如果对方没有领会，我会提醒得再明白一些。如果对方领会但仍然如此，说明他可能是故意让我难堪，至少是不在乎我是否愉悦，我又何必让他心安理得？但我会适可而止，在表达出“不满”情绪的情况下，尽可能保持礼貌，并且不让自己的言行越过他的边界。也就是说，表达我的不满，是我的权利，但不转而攻击对方的心理舒适区，不然，我和他无差别。我始终应该让规则既适行于自己，也适行于别人，而非于人于己双重标准。

大家常有机会与人合影吧？记得在一次某时尚杂志举办

的盛典上，众明星云集，最后大合照环节，一位歌手因误站在C位而被骂上微博热搜。不过真实情况众说纷纭，网友也辨不清真假。撇开这个实例，我们仅来聊聊“C位”。

我们公司主办活动或是出席以我为主讲人的分享会、讲座、沙龙等，活动结束合照，一般我会站在C位。我们公司来了客人，我司团队和客人合照，一般我也会站在C位。参加几位分享人的活动，作为嘉宾之一，一般最具社会地位，或者最有话语权，或者最资深的前辈站在C位。在一次我们公司承办活动的活动结尾，大合照环节，有些嘉宾许是过于欢喜，站在了中间，主办方的董事长特助面露尴尬地让他们挪了挪，把C位替她老板空了出来。我当时看到，心想这位特助被训练得蛮好，这个场合确实她老板希望站C位，以展现自己在这场活动中的地位。哪怕我作为承办方的老大，我也一定会自然地把C位让给主办方的老大，这是我的懂事。

有人可能会说，“好矫情啊”“怎么那么在意形式主义”……

其实，我们可以不矫情啊，我们也可以不形式主义啊。比如我真的无所谓是不是站在C位，但是，你若是在我的主场，跑到了最显眼的位置，那就是你的不懂事了啊。比如我也真的无所谓是不是被叫作“总”，就像我在接受采访中说的，“现在‘总’太多了，还是叫我童童更自在，叫‘总’反而让我觉得受不起”。这是真实感受，不是矫情，假装谦虚，可若因此，你对我怠慢或者直呼我“小童”，那就是你的不懂事了啊。我过去有位下属就仗着自己比我大四岁在公众场合叫我“小童”的，没有边界感，这不是EQ堪忧吗？

就像你会在朋友的结婚典礼上穿大红色礼服、打扮得比新娘更漂亮吗？这和“平等”“权利”“自由”没有关系，这关系到的是——在别人的主场，你知不知定位、懂不懂分寸、有没有边界感、识不识大体。

有人问：“如果他理论上应该站C位，我们也迎他站C位，但他谦虚，一定不肯站，怎么办？”

很好啊，你们秉持着你们该有的边界感，他保有他的谦虚。最后无非是“懂事”和“谦虚”之间的竞争，若是“懂事”赢了，那他确实也处在了他应该在的位置；若是“谦虚”赢了，说明他是真的不在意。可不能因为结果他没有站C位，而忽略了本应该具备的“边界感”意识，直接你就伫立在正中间，不恰当。就像新娘可以不在乎伴娘比她漂亮，但伴娘不该真的不懂事。

发邀请函给别人来参加你的晚宴，是你的礼貌；来不来是对方的选择。知礼且尊重，就是很好的边界感。你刻意没发邀请函给他，他却不请自来，给你造成了困扰，那就是他缺乏边界感。

拥有边界感，我们不会跨过别人的心灵城堡的城墙，去替别人做决定：“反正那位最资深的前辈不会介意的，那我就站C位好了。”“反正新娘是我那么多年的闺蜜，都那么熟了，包红包太见外，就不包了。我穿这件大红色的露肩洋装最漂亮，要不在她婚礼那天，我就穿这件吧，我的照片之后可以挑出来给自己留个纪念。”“我是为了他好，所以我应该把他那天其实不是在学校赶作业而是去看了他爱豆演唱会的事实告诉他爸妈。”“啊？你的爱豆怎么会是他啊？我听说……”

不，你越界了。

懂规则，知进退，是独立人格的体现。因为我们懂得人和人是独立的，我们能感知人与我一样，都有自己的地带、空间、舒适区，或是自己的喜好、向往、人生规划。旁人，多说无益。

第四节 乘风破浪，我行我素

2014年教育部公布的《中小学生守则（征求意见稿）》中，“见义勇为，敢于斗争，对违反社会公德的行为要进行劝阻”悄然删除，取而代之的是“会自护懂求救”。我记得很清楚，当时热议连连。虽然当时我还小，但也认为这修改是种“进步”，人作为独立个体被更加重视，而不只是看到“人群中的‘人’”“社会中的‘人’”。

能动性与结构是社会科学中的经典问题之一。其中“能动性”是指个体行为者独立行动并做出他们自由选择的能力，而“结构”则指诸如信仰、伦理、习俗等能够影响或限制个体选择和机会的“可再现的模式化安排”。[1] 经济学方法论中个体主义与集体主义分别是“能动性”与“结构”两极的代表。但其实，彻底的方法论个体主义与方法论集体主

[1] http://www.doc88.com/p-908231726777.html.

义都从未存在过。我不想把这个话题说得太复杂，简单地讲，就是个体与集体无法脱离存在，它们互相影响。

前文提到过的组织行为学，是以行为学为基础，与心理学、社会学、人类学、工程学、电脑科学等学科相交叉。它探讨个体、群体记忆结构对组织内部行为的影响，以便应用这些知识来改善组织的有效性。印象深刻的是，老师当时循着课本的知识结构，是从“个体”开始切入的。讲个体的态度、人格与价值观、知觉与个体决策、动机与行为、情绪和心境。瞧，群体是由个体组成的，我们不做两者之间的比较，但至少知道“个体很重要”。现代企业管理的一个显著特点是“以人为中心”的管理，因为市场经济的一个重要特征是充满竞争，而归根结底是“人”的竞争。所以，每一个“人”很重要。那么，“懂人”当然也很重要。

Molly是一家钢琴公司的““95后””员工，家境普通，但每天开法拉利上下班，全身上下无一不是名牌。年纪虽然不大，气焰却不小。她与已婚的董事长Louis在一起，被破格升为总经理，跻身于其他5位70后总经理之中。作为中型创业公司，Louis一直很想调动员工的干劲，常鼓励员工：“我们是一家人，一起为公司奋斗，公司成功上市后，大家都有机会获得丰厚的回报。”可员工们还是积极性匮乏，办公气氛弥漫着无精打采和懒散，有些甚至拿着工资干着私活。原来，虽然Louis常做这样的鼓励，但允诺员工的加班费屡屡不兑现，却给Molly又装修独立办公室又批给她的部门额外的预算。

也许Louis懂得Molly，他好像不懂其他的员工，抑或是忽视其他员工的感受。“其他员工”是群体，由一个一个员工组成，试想你若是Louis的员工，你愿意为这样一位“不公平”“轻承诺”的老板拼命吗？你会相信你们是“一家人”，现在的有难同当有朝一日能有福同享吗？恐怕不会。你不会，你同事也不会，你们之间的情绪互相影响，这叫“群体情绪传染”或“群体催眠”，会对公司产生负面影响。这结果，是不“懂人”的Louis需要承担的。他可以不懂别人，任何人有权利不懂其他人，可Louis需要员工，那么，他需要懂这些与他并肩作战的员工：态度、价值观、决策、动机与行为、情绪和心境。

创投圈常说，创始人决定了企业的基因。公司的基因，换个词叫“企业文化”。假如创始人是Louis这般行为作风，企业能期待有一个公平、平等、有能者居之的文化氛围吗？没有这样的文化与氛围，企业里的员工拿什么标准去实践公平、平等、用心用力拼搏？

我举个残酷的例子。一个团体有四个人，A接受了供应商的饭局邀请，B接受了供应商的饭局邀请，C接受了供应商的饭局邀请，只有D拒绝了，因为他怀疑供应商可能会在饭局上贿赂自己。请问，正直的D还可以继续和团队里其他三位相处无间吗？就算他可以，A、B、C会不会怀疑有把柄握在D手上，认为D不属于这个团体？

所以，个体的文化与集体的文化相契合，才能愉快地融入其中，不然，要么委曲求全，要么格格不入。

切斯特·巴纳德，曾经担任美国新泽西州贝尔电话公司的总裁多年，他认为组织是一种合作性的系统，一个组织要能发挥作用，必须使其中的个体之间能够互相交往，而且都愿意为实现某个共同目标而做出贡献。

集体的文化，是集体作用的产物，也许受其中关键个体的作用更多一些，但总的还是集体作用的产物。

我们有看到过这样的新闻：学霸寝室集体考上了名牌大学、兄弟二人同时保送名校。这是文化与氛围对个体的影响。

一个喧闹的班级，只一位同学安静地坐在那里，会显得画风不对。一个学习氛围浓重、九成九的学生都在认真复习的班级，那一成不认真的学生就会被视为与班级文化不符。

可以用管理学上的“5W2H”分析法来分析，这方法我在过去的文章里有解释过。“5W”中，Who是“谁”的意思，指的是人，这里指“我”这个个体；What指“我要什么”或者“我的目的是什么”；Why指“我为什么要这么做”。When指“我什么时机做最适宜”；Where是哪里的意思，这里可以指“我”属不属于这个集体，“我”应该在哪里。“2H”，即How，我该怎么做，以及How Much，做到什么程度，或者付出多大代价。

拿我高中的境遇来举例说明——我的高中是在上海的一所市重点学校上的，同学们都很优秀。班级里，大家是中规中矩的好学生，平日里忙于学习、做题、复习、考试……仿佛下课10分钟过分欢快些都似乎显得“不争分夺秒学习了”。我，大约是班级里最另类的一位，故属于同学们不喜欢但老师喜欢的类型。比如我毛遂自荐去替校园长廊出黑板报；比如学校要求各班每周五下午最后一节课要举行班会活动，每次班主任问：“本周五班会谁主持？”同学们就像一尊尊菩萨一般定座，微低着头，不敢抬头看老师，怕和班主任的目光接触。老师急了，再问：“快推荐一个人主持周五的班会，不然我随机点人了。”同学们一听又像一尊尊菩萨一般指点迷津起来：“让童童主持。”一个人提议后，大家格外团结，其余人似纷纷找到了救命稻草，赶紧用手指指我，有些同学甚至在这个时候跟我使眼色说："童童，就你吧，你肯定行的。"我每次都"很识相"地接受，与其说是被大家怂恿的，不如说其实我自己本就愿意——在他们眼中浪费宝贵的读书时间策划班会活动，在我眼中却是加强能力锻炼的机会。可以不夸张地说，高中三年的班会活动70%是我组织和主持的……别以为同学们从此感激我，并没有，他们依然觉得我爱表现，却也依然在每次老师要求的时候"推荐"我。

还有一件小事，是关于练英文口语。自我知道我们学校有唯一一名外教后，便每天课间捧着英文课外读物穿过一幢教学楼跑到他办公室让他拨冗听我朗读，帮我纠正发音、答疑解惑。这在同学们眼中又是一个另类表现，平时要他们挤出一句英文比挤牙膏还难，"外语"对他们来说仿佛羞于启齿，可怎么我脸皮那么厚。

可我依然"我行我素"，并不畏惧同学们的眼光和背后的酸笑。我为什么如此选择？难道冷嘲热讽对于高中时的我会完全无动于衷吗？这样分析可能会让你们明白我当时的态度：Who？我本恩。What？我要的是获得机会、锻炼能力、快速进步。Why？因为我想实现心中的理想，往成功的方向迈进。When？当下，越早越好，不延迟。Where？选择迎合群众还是孤芳自赏？两年的时光实践表明我不适应这个集体，我属于“我的内心世界”。How？在一些同学的不理解和孤立中，我也失落过，迷茫过，伤心过…… 从肯定自己到否定自己，直到坚定……我明白：外界的评论总有褒有贬，是听不完的。如果要有所成，就得清晰什么才是对自己最重要的。虽然我仍然置身于班集体中，但我尝试去摒弃“张口就来”的肆意评价，遵从自己的内心，专注修炼才能、宠辱不惊。How Much？我愿意踏实逐梦，做自己认为对的，往自己想走的方向前行，哪怕付出不被理解、被排挤的代价。

个体若存在于集体之中，不侵害集体的利益，哪怕不融入，这是个体之于集体应该有的道德与责任。比如，你纵使不合群，但对外散布你们班的负面的未经核实的小道消息，便不应该了；比如你哪怕不喜欢你们公司，但把公司的客户撬走给其他公司，从而获得返佣，那便侵害了公司的利益…… 你可以不喜欢你所在的集体，这是个人自由，但不应该侵害集体的利益，这是边界感。因为这些都是人生中的“记录”，也是往后其他集体评估你的尺码。

个人若和集体不融入，无非两种结果：要么以个人之力影响甚至改变集体，要么离开。而怎么选择？可以尝试一下“5W2H”分析法，并从自身和集体的过去、现在、未来评估。过去是看自身和集体一路走来的印记，历史记录往往刻录了过去的态度、价值观、决策、动机与行为、能力、情绪和心境……现在是看自身与集体的特征与需求；未来，便是评估自身和集体的走向，两者到底会否有融入点。希望大家能找到适用于不同阶段的自己的选择。

30岁前，我也曾试过小心翼翼，融入集体。30岁后，我只想乘风破浪，我行我素。

希望你也拥有“保持本色和少年心气”的勇气！

第五节　始终相信美好的事情即将发生

20世纪50年代后期，利昂·费斯廷格（Leon Festinger）提出了认知失调（Congnitive dissonance）理论，指的是态度和行为之间的不一致。他认为，失调的任何形式都是令人不舒服的，个体会试图减少这种不舒服，因此，个体将寻求最小失调的稳定状态。但是，如果造成失调的因素并不重要，如果个体认为失调是外部施加的，根本无法控制，或者失调的酬报十分诱人，足以抵消失调，那么个体就不会有太强的紧迫感来减少失调。

前文我说道德和责任上个体不该侵害集体的利益，可现实生活中，还是不乏在个体与他人或集体利益冲突的情况下，个体选择损害他人或者集体的利益。中饱私囊的主管；为了省钱，以公司出差的名义谈自己的业务的部门经理；眼看上班快迟到了，不理会努力想赶上电梯的外卖小哥，以迅雷之势按下电梯关门按钮的科长……

“认识失调”，归根结底还是“选择”问题。如果是因为贪婪，认为犯错成本低，这是主动选择。如果是因为无奈，没有能力保持“知行合一”，这是被动选择“失调”。虽然都是“失调”，但从归因理论来看，我们在观察个体的行为时，试图去判定到底是内在还是外在所引发的行为。内在引发的，是那些被认为在个体控制之下的行为；外在引发的，是外界原因所造成的结果，也就是个体迫于情境而产生的行为。

公认的城市社会学创始人路易斯·沃思（Louis Wirth）认为，城市在规模、人口密度和多样化等方面所具有的特性，促使个人和群体去顺应它，由此产生了一种新型的人格，即城市人格。这种人格是灵活的、多重的自我。美国社会心理学家米尔格拉姆说城市居民面临着“心理超负荷”的问题，这是指一个系统无力处理自环境输入的信息：因为需要系统处理的信息太多，或者因为信息连续输入得太快，当信息被输入时信息人还没来得及处理，超负荷发生时，系统必须确定优先次序和做出选择。城市人应对心理超负荷压力的调适方式就是不介入，即与大多数人保持表层的、短期的关系，以保存自己的心理能量。这就是为什么城市人面临他人受到伤害时要么逃避要么无动于衷的原因。

我也曾有过焦虑，为了“自救”也会努力抓取资源，也曾用力过猛。自己回顾，也不喜欢那样aggressive（有企图心）的自己，可当下却也只能这么选择，很无奈。

我曾说过：“没走过别人的路，就别评价别人的态度。”

我也遇到过明明“懂人，懂事，懂规则”的人，在创业失败的处境中，把我好意给予的机会“浪费”，并且没有还钱。我相信不是他没有想过，而是他确实没有办法，确实还不出来，只能装作没事、漠视、辜负这份帮助。如此境地，人们能做的选择非常有限，马斯洛需求理论常常被人引用来分析，确实有道理，当人们连温饱都无法解决的时候，又有什么余力去追寻更高的精神追求？经济基础决定上层建筑。

单从表象很难判定内在思想。——这应该是共识吧？难道看着这本书的我们，还是以“看到什么就是什么”的逻辑在和这个世界相处吗？

如果我有足够的时间与兴趣，去了解一个人行为背后的动机，我也许还有那么一点点资格去推断与评判。如果我不了解表象背后的动机，边界感告诉我：别妄下判定。

换个角度，如果有人在不明真相的情况下，肆意对人做出判断，要么是“识人辨事的能力”不够，没有边界感；要么是故意为之。有些媒体为了博眼球，发布有失偏颇的报道，甚至捕风捉影、胡编乱造。这便是故意了。故意弃真相不顾，其实也是“认知失调”。

而当我了解他人“自我定位错乱”的原因，是有助于我修心的，至少我明白：自我定位错乱，是存在的现象。

朋友公司招了一位海归Shiny，女生，二十岁出头，刚大学毕业回国。由于朋友公司和我公司合作多，往来频繁，所以，一些核心岗位的人员变动，我们会让对方知晓。朋友刚带她来给我认识的时候，我与朋友同感，觉得她机灵。她很希望以朋友和我作为途径获取与更多厉害人物接触的机会，这可以理解，是有进取心的表现。

我司是做互联网+音乐，经常会收到大文娱领域合作伙伴的出席邀请函，诸如时装周、演唱会、演奏会、晚宴……Shiny跟我表达她很喜欢这类型的场合，我便会把票留给我们公司BD部门的同事和她。所以，她总能和我司的小伙伴们一起出没一些不错的场合，认识一些不错的人。

单向的资源给予，我是抱着多给年轻人机会的心态，并不奢求回报。直到一次活动，让我心生凉意——那是一次我司主办的音乐比赛，给朋友公司挂了“协办”，朋友安排Shiny

活动当天来现场看看有什么可以帮忙的。我司安排参赛选手和工作人员在活动前一晚住宿五星级酒店及第二天的商务车接送。活动当天上午，我到达现场，看到Shiny无精打采，问她怎么了，她说身体不适。我从其他工作人员处得知，她前一晚蹦迪到凌晨，早上5点才在酒店check in。朋友让她送来的礼品赞助，她让助理搬到会场，原封不动摆在角落，也没有告诉现场礼品管理的工作人员，更别说原定是她安排人把他们公司的礼品分袋装好放到宾客的沙发上……而她，在嘉宾休息室，养神。

整场活动结束，晚上的游艇庆功宴，我面无表情地对朋友说："以后和我司打交道的事，换个人。"

朋友从头到尾看在眼中，也从我司同事那边听到了大致经过，觉得非常不好意思，连连道歉，并让Shiny来给我赔不是。当只剩Shiny和我两人在甲板上的时候，我坦率对她表达了看法：

"不好意思，我觉得你是聪明，也机灵，但你太注重表面的东西，而忽略了本质。比如你特别在乎你们公司要给你'总监'的抬头，那名头在第一瞬间可能是比较有利于你对外谈生意，但在生意场上，都不是傻瓜，大家尊重你不是因为你挂了什么抬头，而是你本身是否具备能力。你才大学刚毕业，‘总监’这个名头是把双刃剑。你不是学Marketing（营销）的吗？你不知道‘如果质量不OK，IP越有名就越加速死亡’吗？所以，锻炼职场真本事才是硬道理。而不是‘没有一件事完整handle（处理）下来的，几件事都是半吊子’。

“其次，我给你那么多机会出没你想去的所谓高端场合，但你仿佛视之为理所当然，没有感恩之心。况且这次活动，你们公司挂为协办方，是我对于我朋友的交情，有机会就带着。但你不能把我的客气当福气。今天两家公司大活动，你作为你们公司代表，所谓‘总监’，蹦迪到凌晨，浑浑噩噩地出场？

“最后，你的‘自我定位错乱’是你的事，你道歉也是你的事，我可以选择不接受。几次事件都是如此，并不是能力问题，是态度问题。既然是态度问题，等你哪天真领会处世含义再说吧。”

观念上的差异还得从观念上引导回来，应对方法可以是惩罚，也可以是教育，或者其他途径，或者惩罚与教育等多途径结合。分析风险，让对方对于这“认知失调”产生压力。Shiny对与我之间的边界认知不清——我是合作方的Boss，而非“小姐姐”。她可以从“失去我这条人脉”上直接感受到压力，这便是我的做法。我没必要成为要给别人的人生上课的人，观念上的差异，若可以，我一般选择远离。

我们常说的EQ，包含自我知觉，即你了不了解自己的感受；自我管理，即管理自己的情绪与冲动的能力；自我激励，当面临挫折与溃败时的坚持能力；还有同理心，也是EQ的一项，指能够感受他人感受的能力；最后一项我认为是比较难的，叫“社会技能”，这是跨越了自己，能够处理他人情绪的能力。

从“感受他人的感受”到“处理他人的情绪”，这真的是相当的功力，能做到的是相对少数，所以能成事的是相对更少数。虽然本书某种意义上在鼓励“自我”，但这“自我”不是以自己为中心而目中无他人。否则，无视他人感受的结果，是无法获取他人的支持，处于孤立无援的困境，会走向自由的反面——根本没有能力体验自由。

而我们，若能感受他人的动机、处境与感受，哪怕那动机、处境与感受是源于“自我定位错乱”。当我们理解这种“自我定位错乱”，我们是可以冷静思考并且做出冷静反应的，而非因怒伤而冲动表达与行事。

这是需要积累的。我曾说过：“淡定，就是把一切都当作风景看。”可这句话有个前提，就是你已看过足够多的风景，见识与阅历的增加，不会因为有些事情的首次遭遇而失措彷徨，也不会因为有些极品的首次遇见而失落怒伤。你包容，是因为你理解，并始终相信美好的事情即将发生。内在丰盈，才真正淡然。然后以平和的心，和这个世界相处。

第三章 智慧

我要赢的是自己，所以我从没输过

虽然说，人活着未必需要去理会周围人的意见，不要随意让周围人的意见对你造成主观上的影响，但是，一个人对自己的定位有时是模糊不清的，这个时候，就可以从周围的朋友或者陌生人的眼中来反观自己——我究竟处在什么位置。知人者智，自知者明，认清自己，就是30岁以后必备的智慧。

比如有人自觉是圈子里的重要人物，结果一号召，没人听他的。说话没有分量，可见他其实没有地位。比如有些人觉得自己厉害得不得了，但无论怎么跳槽，一直拿不到他心目中的报酬，那可能就是他的自我估量高于他本身的价值。反过来，如果一个人去企业应聘，提了工资要求，老板觉得他完全可以开比这高很多的工资，觉得他的水平和能创造的价值远不止于此，就说明此人过于低估自己。

所以，当你的“自我的认知”和“市场对你的认知”有差距时，就要重新思考这差距是为什么而产生的。是因为你的实力没有完全展现，让别人不够了解你，还是你太谦虚了？要知道，如果周围的人八成都认为你没有那么好，那么你可能真的要反思自己，检视自己，让自己变得更好，更加智慧。

第一节　以人为镜，可以明得失

萨特在《存在与虚无》中说过一句话："羞耻就是承认，自己就是他人看到的那个样子。"

1969年，沃森（Watson）和弗伦德（Friend）提出"负面评价恐惧"概念，将其定义为：对他人评价的忧惧，为负面评价而苦恼，以及对他人可能给自己负面性评价的预期。

我们仿佛很难心平气和地接受别人对自己的意见。内心害怕接收到负面评价，面对负面评价条件反射地抵触，对于改进建议也便不由自主地屏蔽在体外。我过去有说过"不要太在乎别人的看法"，因为每个人都把最多的注意力放在与自己有关的事情上，你又何必非要通过别人的掌声来掂量自己的分量？我本意是让大家辩证地看待外界的眼光、意见和建议，不要被外界纷杂的唾沫割伤，平和心态，按适合自己的节奏过好自己的生活。

但若是经过审慎分析与判断，对方的意见是对的呢？或者细想之下，发现对方的意见也有可取之处呢？你也不听吗？不可能嘛。

“他人的声音”和“我”之间的边界在哪里？——在于你说你的，听不听在我。我不堵住你的嘴巴，这是你的自由，我也没这能力。但听不听是我的自由，也是我的能力。

为什么说“听”是一种能力呢？比如前文提到的“经过审慎分析与判断”“细想之下”等状态，代表你至少有思考过。而“能思考”的前提是不在抵触的情绪下。所以，面对“他人的声音”，先别抵触，一方面是让自己处在“能思考”的状态，另一方面是不将真心给你诚恳建议的人拒之于千里。

我弟弟Achilles韩国留学回国后，选择加入我们公司一起拼搏。他确实能力斐然，让我们如虎添翼。可与我共事，他一直抓不准边界。在第三次我对他提出工作建议的时候，他发飙了：“我来了才2个月，明明给公司带来不错的业绩，你为什么这也要说我，那也要说我？你就是对我有偏见！”

我心想，这家伙明明在其他人眼中是IQ、EQ双商颇高的人，为什么在我面前却总把握不了分寸，到底问题出在我身上还是出在他身上？答案是，出在“亲人”这个身份上。毕竟一起长大的亲姐弟，在外人面前的坚强，面对从小呵护他的姐姐不免露出“不男子汉”的一面，他又常年在国外，和我并没有真正共事过，尤其是直接report（汇报）给我，工作上打交道最多的人，也是我。他并没有见识过我带其他人的样子，也是有功就赏、有错便指出，公司里，大家都已然明白我待人处事的风格。而他，刚回国，领教最多的是“作为Boss的我”，心态上一时间转不过弯来，也能理解。

我并没有直接找他，而是让HR跟他谈。HR指出他在工作环境中与我的相处，言谈举止确实多有不妥，并遗憾地告诉他，他恐怕没有办法继续留在我们团队。这对他来说相当震惊，觉得不过是姐弟俩之间的斗嘴，没必要上升到离开团队那么大的决策上。HR告诉他的理由是：“同样的言辞，你会对你以前在韩国的Boss说吗？对啊，不会。为什么童童是你的Boss，你却如此态度？所以，在职场环境，你没分清楚角色定位与边界。童童是公司创始人，如果你没有办法融入她的风格，纵使你的风格也没错，但两个人之间无奈只能走一个，难道她走？风格没有对错，但看融不融得了。”HR这话传递的是我的意思，但激的成分远远大于真正想让他离开，就连我的合伙人也惊叹于他强大的业务能力而来悄悄劝说：“你真的要让他走吗？他真的很强。”我没有坦白我只想借机根治我弟弟那模糊的“边界感”，毕竟只有扑灭我弟弟的侥幸才能让他真正去反思。

Achilles顶着他超强的自尊心回到家里，从他的面色来看，应该是已经意识到我不是在闹着玩，公司真的不打算留他了，情势有些严峻。毕竟全方位的分析结果，还是在我们公司比去找工作、到其他公司上班强太多。经过一夜的失眠，第二天他乖乖地去找HR，表达自己真的喜欢这里，不想走。HR让他自己提留下来的方案，于是最终的共识是：“以后我会注意言行，在公司，童童是把我当作和团队其他人一样的，给的建议也是对作为团队成员的我的建议，而不是挑弟弟毛病的建议。是我之前没有分清边界，我愿意延长试用期，请监督我的表现。”

果然，对于我后来指出他的一些可改进之处，他谨记HR的提点：“童童之所以能够在不长的时间内有这般积累，说明她有两把刷子。她从来不做没有理由的事。她若给你建议，你懂了就吸收，没懂就先照做，等有空再问她为什么。”说来也惊喜，Achilles试了几次虚心接受意见和建议之后，竟发现这样姿态的他相较于原本犟驴一般的他更让他本人喜欢。原来，当尝试做一件“对，但让自己不舒服”的事，像一把钥匙，开启体验之门后你会发现，也没那么难嘛。于是，又有了第二次、第三次……之后，便养成了习惯。

拿泡脚这件事来说，我知道泡脚有益于身体健康，于是买了艾叶和花椒，本打算每晚睡前泡脚，结果因为懒得清理泡过的艾叶及换水，工作一忙，回到家就废于执行。直到有一次我从韩国回来，双腿出了小疹子，到医院看病，医生说：“无碍，就是冻着了。”给了我一支药膏，涂了几天小疹子就消了。我心想，可别把自己冻出老寒腿，想着想着，正巧瞟见那些艾叶和花椒，于是就泡上了脚，当天晚上睡得很踏实。这泡脚的舒适和心里的舒适一结合，愉悦程度远远大于泡脚的烦琐。第二天、第三天……之后，便养成了习惯。

道歉也是如此，记得曾经看过一则国外的视频，在超市里，一个小女孩不小心碰落了另一位小女孩手中的糖果，她父亲想教会她“say sorry（说抱歉）”的能力，于是要求小女孩向开始哭泣的另一个女孩儿道歉。起初小女孩不愿意，觉得示弱是件羞耻的事。她父亲告诉她：“宝贝，我知道这不容易，那你就试试发出sorry的声音吧，发音，把空气挤出你的身体，通过你的脸部，用嘴唇控制气流，然后你就发出sorry的声音了。来试试，说so……rry，试试，来。”小女孩叹了一口气，跟着父亲指导的节奏，吐气，发音，so……rry。成功说出了道歉，也获得了另一位女孩儿的原谅。这个过程，让她体验了道歉并非那么难以启齿，第二次、第三次……便养成习惯。

以人为镜，可以明得失，我们在拼拼凑凑中，找到自己。

第二节　人生没有太晚的开始

“没有两片完全相同的树叶，世界上没有性格完全相同的人。”德国哲学家、数学家莱布尼茨认为：个性的实质是对自身的认识，个性的形象与意识相关。

MBA智库中对于自我意识和个性是这样表述的：自我意识影响着人的道德判断和个性的形成，尤其对个性倾向性的形成更为重要。

可见，认识自己的过程，也是定义自己的过程。

小时候我总是间隔性地考第一。失手的时候，并非题目不会，而是粗心大意、掉以轻心。

爸妈虽不管我的学习，但旁观我的行为表现。当我在家感叹“唉，这次考得不好，只考了第十”，我妈只淡淡地说“因为你骄傲了。”

我说：“哪有？我没骄傲啊。”

我妈说："你要是知道自己骄傲了，就不会骄傲了。"

她这句话醍醐灌顶，我反思是不是我确实骄傲了，而我自己没有意识到。回顾在每次考第一后自己的神情举止，走在教室的步伐轻快得像踩在云朵上，笑声中洋溢着荣耀……有没有骄傲我不确定，但至少可以确定：我并没有平常心。"第一名"并没有如我以为的那么无所谓，我是"看重"的。

所谓戒骄戒躁，是在我意识到这点以后。我让自己真正以平常心态看待名次，把考试当作是对知识的检验，屏蔽考第一和没考第一时周遭反应，不让周遭（包括老师们）的反应影响我对考试的上述判断。认真说，一次考试的名次并不代表什么，给不了我什么，也夺不走我什么。如此，平和的心态便在潜移默化中养成，以后对待所谓荣誉和成绩也都不真正在意，甚至面对挫折与低谷时也能够相对沉着冷静——因为没有什么大不了，世界规律大致如此，人生也就是这么回事。

曾有记者问我："在创业过程中，有没有遇到什么困难，有没有特别难过的时刻，可否与大家分享？"

我回答："创业必定伴随着困难。媒体看到的只是冰山一角，看不到的都是我们要扛过去的，小到文字中的错别字，大到资源的到位、团队的配合，每个环节都有预想不到的问题。至于‘会不会难过’，坦白说，真正的创业者不会想那么多，不会说‘我要乐观积极或者难过’。遇到什么问题时，你就会想要去解决它。从外界来看，创业者攻克了很多东西，对于我们来说就是日常，喜悦，也是收获。没有那么多时间、心思，想着用怎样的心态面对。这是人正常的反应。”

我曾开玩笑地写过：如果一定要说我是什么人格，那我应该就是“Problem-Solution”人格，遇到问题就解决，中间没有废话。

记得一次春节，目睹几年来电视屏幕上“星光”流转，我妈感叹：“你看那××，还有那×××，过去如此辉煌，现在如此没落。所以啊，做人还是要低调，不要一点点成绩就觉得世界都他说了算。唉，真的，要低调。”

孔子说：“德不配位，必有灾殃。”后面还有“德薄而位尊，智小而谋大，力小而任重，鲜不及矣。”意思就是说：德行浅薄却占据高位，智慧有限却要自作聪明地谋划大事，能力有限却要不自量力地承担重任，这样很少有不导致灾祸的。

现在的年轻明星们也越来越懂得“真正长久的事业，还是得以过硬的业务能力作为基础”，所以非常注重演技的锻炼、品格的修炼……早期我还对着微博热搜感叹：“流量明星仿佛是：江山代有才人出，各领风骚……约一年。”现在已渐渐改观，他们中的好多人出类拔萃，努力着，让自己德位相配，拉长在“位”的时间，更能心安理得地在舞台聚光灯下接受鲜花与掌声。

那么普通人呢？首先要知道自我意识对个性塑造有重大作用，个性对成功有巨大影响。

记住，人生没有太晚的开始。

有句英文名言：Better late than never。晚做总比不做好。

微博上有一个段子，问90岁的奶奶最后悔的事。奶奶说：“60岁的时候，想学小提琴，觉得有点晚了，就没有继续。如果那时开始，现在已经演奏30年了。”雾满拦江说：“人生最大的壁垒，就在我们的头脑中，因为我们强加设限，才让自己裹足不前。”

有人问我：30岁了，应该将就过现世安稳的生活，还是追寻梦想？我的回答是：就算30岁了，有梦想还是要去追，因为它就像鱼刺卡在喉咙，没办法忽视。

本书的策划李梦霁老师想跟大家分享这么几个故事：

“22岁，你刚毕业，懵懵懂懂地从大学校园迈入社会。学了一个万金油专业，似乎什么都能做，又似乎什么都不大合适。听说互联网公司热门，你不懂招聘网站上，什么是‘运营’，什么是‘产品’，什么是‘策划’，只能根据百度百科和知乎微博，连蒙带猜地投了无数简历，面试了不少岗位，终于进了一家尚可的公司，薪水微薄。你安慰自己，第一份工作，能经济独立、不依赖父母，已经很好了。秋招已经错过，春招也进入尾声，再等，就太晚了。也许明天，明天就会前途无限。表姐给你介绍男友，一个程序员，你第一眼看到他就没什么感觉，但身边的闺蜜都有了伴，你想‘试一下或许也行’。年龄不等人，错过了女生的黄金年华，就又晚了。

“你28岁，周围催婚、催娃、催二胎的亲朋好友常常逼问，过年过节，简直是一场灾难。你犹豫，也挣扎，是否结婚，生不生娃，每次都选择‘再等等’。其实也着急，可是没车没房，拿什么结婚？拿什么养娃？一个闺蜜嫁了北京土著老公，房不用愁，买辆价格不菲的车，约你和男友周末自驾游，你有点说不出口的勉强。和男友相处到第五个年头，不再送花，很少去电影院，纪念日也不再去西餐厅。你中意的口红和裙子，他总是皱眉，说‘家里不是还有很多吗？我们要买房，过日子不能太大手大脚。’你跟闺蜜吐槽，她们劝你：‘男人爱你就会给你花钱，他这样就是不爱你。嫁人，要么图钱，要么图爱，这样的男人你留恋什么？’你自问，或许没那么喜欢身边的他？但你安慰自己，年纪不小了，又一起生活了那么久。跟谁在一起还不是一样。而且现在分手，摇身一变成大龄剩女，一切真的都晚了。‘我已经不是18岁的小姑娘了，我没有资本从头开始。’你给闺蜜发了最后一条短信，三个月后，你结了婚。

“因为刚毕业，所以第一份工作将就点也没什么；因为谈了5年恋爱，明明不够爱，也将就着不说分手；因为工作十年，轻车熟路，纵然不开心、没钱赚、工作累，也可以将就。

“你总觉得为时已晚，可你不知道，人生从来没有太晚的开始。

“人真正的衰老，就是从‘认命’开始。”

梦霁接着写下：“只有你开始渴望星辰大海，你的未来才可能更加辽阔，而不是囿于钩心斗角和蝇营狗苟。种一棵树，最好的时间是十年前，其次就是现在。”

前两章，讲了无畏与自我。也就是知道自己要什么，勇敢去要。这章讲智慧，意味着：取之有道，有章有法。曾国藩说："先静之，再思之，五六分把握即做之。"只靠等，是等不来你要的改变与结果的。

人和人的认知差异太大，时间精力又相当有限，我们只能去帮助"懂人，懂事，懂规则"的那几个，对其他的大部分人只能静默旁观他们的起、落、起、落、起、落、落、落、落、落……如果你越来越听不到厉害的人给你建议，说明厉害的人没有想把时间花在你身上。你如果听到厉害的人给你建议，真的要珍惜。注意，前提是厉害的人。

我虽然有较高的自我认同感，但也有敬畏之心。"敬畏之心"代表内心潜在的学习意愿。而在"学习与吸收"这件事上，我是谦卑的。很多人会把有事业心的女性、女强人、强势、固执己见画等号。其实，这之间每两者都未必等同。拿我个人来说，我顶多算"有事业心"，但我不认为自己是女强人。综艺《乘风破浪的姐姐》里那30位女性，谁是没有事业心的？可她们是30位泥塑的标准款吗？不是，她们各有个性与风采。

对你能吸取建议的"可信赖的厉害的"对象，要避免因心理距离而视而不见。你小的时候有没有这样：妈妈跟你说，好孩子不要浪费粮食。你不听。老师跟你说，好孩子不要浪费粮食。你奉为真理。明明是同样的话，妈妈口中说出来，反倒不以为意。

我有个朋友，三十多岁，有时工作上的不如意，回家吃饭的时候，聊着聊着，会说起。他妈妈听了就给些建议，可他从来不听。他妈妈跟我说："你要不要劝解一下他，你的话他会听。因为他觉得你是商科高才生，而我是初中文化，他认为我不懂。"事实上呢，他妈妈曾一手创办公司，最多时候管理几百号人，后成功被并购。他是因为不知道他妈妈过去的成绩吗？当然不是。而是这三十多年的成长，他和他妈妈太熟了，优点这么多，也许缺点更多，没有神秘感，崇拜不起来。可其实他妈妈给的建议有道理吗？还是有的。他细细咀嚼一下，若是领会其中含义，应该是有助于自己的思考与决策的。

在一群强者的队伍里，那个最有学习意愿、学习能力最佳的就会以"加速度"成长。

珍惜自己在一个强者的队伍中，因为可以学习的对象非常多。当然，你能在这样的队伍里，表明你也有一定的能力与资源。若当下没有这样的能力，恐怕你得去积累。想要进这样圈子，你得先成为这样的人。你是谁，就会遇到谁。你们想想：听得懂和聊得来的人，在这个社会上难不难寻？听得懂、聊得来、互相看得上的人，更难碰到了。那对于强者，有没有那么多时间和精力去和一个“讲又讲不清，听又听不懂”的人周旋甚至指导？所以，不能强人所难，不能完全指望别人扶而你又站不稳。

如果生命中有可信任的强者愿意指点你，那当然幸运。他们能让你少走一点弯路，前提是你得听。我发现：许多事，就算“认知”了还是不能“理解”，要经历过才会明白。但信任的前辈的建议，我会听。不是听着照做，而是听进去纳入思考。等遇到了，我就“听懂了”。

很多人，要么没有勇气改变，要么好不容易决心改变，却自以为是，听不进建议，想到一出是一出，甚至往“逻辑不闭环”的方向飞奔，纵使八匹马都拉不回来，南辕北辙。

想要乘风破浪，勇气很重要，认清自己很重要，智慧也很重要。从经历本身、从阅读书籍、从良师益友中学习，就像管理学常说的PDCA循环，计划、施行、检查/复盘/反思、纠正偏差后再行动，如此往复，让自己螺旋式上升。人生，没有太晚的开始。

第三节　有舍有得是人生

写这本书时，临近春节，思忖着若是整个春节用来玩乐，过完年公司的事情一忙，怕是没有时间完成书稿。于是临时起意，到九华山闭关写作。一整个春节，我几乎藏在山中，大概是山里的气息太过舒适，我每天大约夜间十一点便生了困意，一觉睡去，第二天早晨八点自然醒来，打开窗，迎面是静落落的院子，远处大山环绕，山顶云雾缭绕，确实如仙境。这大概是一种缘分，我从未体验过这般过年，除夕竟在甘露寺里吃年夜饭。

我虽然原本就是个不易受周边干扰的人，平日里偶然走进喧嚣的小酒馆，邻桌都在兴致盎然地攀谈，我就自己点杯红酒，一个人塞着耳机听着歌。可春节面对的是家人，父母与你的相处边界可并非你说了算。既然无法在家里塞起耳机，要不就躲吧。于是，为了从更长远意义上考虑，也为了更好地维护父母与我之间的心理边界，我这不就躲到了大自然的怀抱里嘛，并不忘为父母祈福、为所有人祈愿，平平安安、健健康康、开心快乐。

说到春节，我大概好多年没有主动私信给大家发新年快乐了。倒也不是有什么特殊缘故，只是自己觉得“害羞”。我能自然面对“群体”，面对“群体”可以淡化我的不好意思，但仿佛面对“个体”不行。除了工作等必须与人的接触，倘若要我和一个“个体”纯聊天，大概率我会陷入尬聊，并且会想办法尽早闪人。相对的，花费同样的时间，或者更长一点的时间，站在台上、面对媒体，或者写书发行，与群体分享心得，我比较自在。

老弟还在韩国留学的时候，曾经一次喝多了酒，打电话给我：“姐，怎么一直是我打给你，你从来不打给我？”这是我的问题，对家人、对朋友，情感含在心，却鲜有主动联络，每次都是大家不计较地来关心我。有反省过，但似乎也没什么改进……

从这些反应，你们可以知道，我心理舒适区的大致模样。可如我之前鼓励大家的——走出舒适区。我们是否该永守边界？还是拓宽边界，走出现有边界？

投资界有句“真言”：投资者只能赚自己认知范围内的

财富。其实不光狭义上的“投资者”，我们每个人都不可避免地进行着投资行为，广义上我们都是自己人生路上的“投资者”，不断地做着决策，许许多多的决策串联起了人生的发展轨迹。投资即决策，而决策差异是由认知水平不同造成的。所以，赚钱本质上是认知的变现，你永远赚不到“认知之外”的那部分钱。

英国著名导演迈克尔·艾普特（Michael Apted）及BBC团队做过一个实验，用49年时间追踪观察14个孩子的命运。1964年，他们挑选了英国各阶层的14个7岁的孩子进行拍摄，每隔7年拍摄他们的现状，以纪录片的形式呈现在大众面前，2012年拍摄时，“孩子们”已经56岁，纪录片的名字已经从1964年的《7UP》拍到了《56UP》，到2019年的时候大家已过花甲，纪录片名字叫作《63UP》，中文翻译为“人生七年9”。

随着这个纪录片的问世，这句英国谚语“Give me a child until he is seven, and I will give you the man”越发引人深思，译为：七岁看大。我国从古至今也留下来一句相似的谚语，叫：三岁看大，七岁看老。仿佛一个人的一生在他童年时便已写好，阶级壁垒似乎很难跨越……

纪录片中，精英阶层的孩子们成长于优渥的家庭，从小怀有抱负，沿着父母的精英路线，就读剑桥、牛津等名校，从事的是人们眼中的精英职业：律师、律所合伙人、制片人，他们的孩子们也都出类拔萃……普通家庭的孩子们从小调皮捣蛋，爱打架，早早辍学，缺乏自律，不相信知识改变命运，五六十岁仍在为生计奔波或者靠社会救济，他们的孩子们也从事普通职业，有的甚至经济不独立，需要父母帮持……

不同阶层的原生家庭、生长环境，自小灌输不同的观念，经济条件制约教育资源的获取，教育影响认知、眼界，眼界和视野决定格局。前文我们也说认知和意识对个性塑造有重大作用，而常言道“性格决定命运”。可见，阶层壁垒是多么难以打破。

唯一从农家子弟跨身上流社会的一名男孩，7岁时在只有一个教室的乡村学校读书；14岁在约克郡读寄宿学校，对物理化学感兴趣；21岁就读牛津大学物理系，之后拿到物理学博士学位；28岁移民美国；35岁是副教授；42岁拍摄时已是正教授及副系主任，妻子是另一所大学教育系副教授，可谓14位纪录片主人公中唯一“逆天改命”之人，而他成功的途径便是：教育。

他说：“我从小就很喜欢技术、科学，一直对这些感兴趣，会花大量时间读科技书籍。小时候，我是村里唯一的小孩，但我喜欢跟周围的大人聊天。四处闲逛时，周围有很多值得观察的东西。我观察过很多自然现象，津津有味地研究背后的原理。那种经历，让我想继续研究自然科学。”

在英美这种阶层固化的社会，想要逆袭更为不容易，可想而知这位男孩需要克服多少外在环境阻碍和外在环境对内在心理造成的影响。而纪录片中的“富人们”，也以真真实实的生活告诉我们：那些能留住“优势”的，也是靠熬夜拼命、读了无数的书、付出了大量的努力。世界上就不存在“躺赢”。

欧美国家，富人进私立学校，穷人进公立学校，教育资源极大偏向于富人阶层。这就造成了“富人仍富，穷人愈穷”的局面。2018年美国前五大富豪的学历分别是：亚马逊的杰夫·贝佐斯，毕业于普林斯顿大学，获得了电气工程与计算机科学学士学位；微软的比尔·盖茨，18岁以SAT 1590分（满分1600）考入哈佛大学，一年后从哈佛退学，在20岁的时候就创办了微软公司；股神巴菲特，宾夕法尼亚大学攻读财务和商业管理，两年后转学到内布拉斯加大学林肯分校，一年内获得了经济学学士学位，而后被哈佛拒绝的巴菲特选择进入哥伦比亚大学商学院；Facebook的马克·扎克伯格，哈佛大学就读心理学与运算科学，二年级时他开发出名为Course Match的程序；甲骨文的拉里·埃里森，高中毕业后分别就读于伊利诺伊州立大学、芝加哥大学和西北大学。以上无一不是名校。

在中国，“知识改变命运”自古就有，从科举制度到高考，尤其是20世纪80年代开始的九年制义务教育，是对国家的少年儿童受教育极大的公平。我在公司设置了“静思角”，边上是书柜，里面放了四处收来的书，也有出版社的赠书。有些刚毕业的员工，我没有时间与他们直面探讨做事上的观点，便拿给他们一本与该话题相关的书，让他自己带回去啃。曾经有同事说：“本来书放在书架上，我是不会看的。业余时间确实干别的许多事都比看书轻松很多，可看完一本书，我觉得有收获，心里就有了一点点的成就感。”我问：“对你的认知上，有突破吗？”对方答：“有。”我淡淡地回：“你们知道，这世界上好多事根本不由自身做主，受限于认知，判断不了决策走向，很容易理解错、决策错、选错，从而个人发展极易遇到天花板，进而影响自己获取社会资源与选择权，到后来，你发现，世界好难，做什么事都好难。相较于丧失选择权，现在能够靠阅读书籍吸收大量资讯，就让自身内在迭代的，何其幸运，比起残酷的现实世界教会你的道理，读书获取知识真的是简单多了。”

如果说，人只能赚到自己认知范围内的钱，那么，当你想赚更多钱，怎么办？很显然——扩大认知啊！

走出舒适区，自律、学习、修炼，扩大认知的边界，自身修养随之优化，因新的认知水平而做出决策，决策的综合便是导向获得更多的财富与更高的社会地位，德亦与之相匹配。当你的认知变化时，你已经打破了原来的你，得到的过程，也是失去过去那个“自我”的过程。筑梦踏实，逆袭持久。

当然，“成功”的标准不是唯一的。伟大的哲学家、数学家帕斯卡曾说：“如果一个人大半生都在自家客厅过得快乐，他已经取得了哲学上最大的突破。”马斯洛需求理论把人的需求从低到高依次分为生理需求、安全需求、社交需求、尊重需求和自我实现需求。若你的自我实现需求就是一屋、两人、三餐、四季，清贫简朴，无须社交，享受“采菊东篱下，悠然见南山”或者“小舟从此逝，江海寄余生”，现状所得与内心诉求相匹配，那也是相当幸福的。

美国的经济学家P·萨缪尔森提出了一个幸福方程式：效用/欲望=幸福指数。如果欲望很高，而在目前的生活方式中得到的效用低，那么就会感觉到不幸福。

之前说过与幸福感密切相关的，有一点为：成就动机程度。当人们意识到的自身成就水平高于他们的预期抱负目标，那么，便会产生强烈的幸福感，反之则不然。

我认为，人的不快乐源于：欲望远大于现实。比如自我实现的需求是充分的财富自由、荣耀的社会地位等等，若如此，想获取快乐，就得让现实匹配上欲望，或者降低欲望匹配上现实。这两者要达成匹配，都得靠扩大认知的边界。前者也许是多习得商业本质，后者也许是领悟心灵的释放与解脱。

直到现实与欲望匹配，人处于新的舒适区，以新的边界与世界相处。如此循环。

另一个层面的“走出边界”，是——跨界的需要。

互联网经济时代，我们常听到一个词“跨界”，跨界合作、跨界营销……

其实在20世纪90年代后期，被称为“全球第一CEO”的杰克·韦尔奇，在1981年执掌GE时，就大刀阔斧干了好多事，比如对机构臃肿、等级森严、反应迟钝、正走下坡路的企业进行了扁平化改造，以及“无边界合作”——打破公司内部的各种障碍，加强自上而下、自下而上和跨部门的团队工作，改进公司内部的协作以及与供应商和客户的合作关系。

"因为，全世界每天有数十亿美元被浪费在组织间缺乏沟通和互相竞争上面，而这些组织本该为共同的目标而努力：为客户创造价值。"

扁平化管理是企业内部的管理模式，而无边界合作已经跨出了企业内部，相当于使企业的规模、资源和边界更广更大了。

也许大家会有这样的误解：公司自身规模越大越好。我在念MBA的时候，Organization and Management（组织与管理）课的老师在讲到一个案例时，问："案例中的这家公司，把什么留在了自己企业内部？"答案是："核心竞争力。"这个毋庸置疑，好比一家医药企业的核心竞争力是药品的研发和专利，一家食品公司的核心竞争力是食品的配方，不可能把核心竞争力告诉别的公司。老师再问："但是这家公司是从市场调研，到产品研发，到各环节的生产，再到销售，都自己做吗？"答案是否定的，这家公司原本是全流程涵盖，养了很多员工，但后来只留着核心竞争力，逐步把标准化的环节外包了出去。印象深刻的是，老师又问了一句："所以，你们觉得这家公司是做大了，还是做小了？"

尽管砍掉了几条生产线，但公司利润却是大大提高。原因是，同样的工艺水平，其他工厂的规模化生产比自己公司生产的成本低很多。而且，该公司建立有效管理的加盟制度招募经销商，取代本打算增建的直营销售网点，因为前者的成本比后者低很多。所以，看似公司自身的规模变小了，其实却把其他工厂的生产线、外部经销商也变成了自己的资源和人力，打破了企业的边界，把公司做“大”了。

股神巴菲特的经营理念：把公司做小，把产品做好，把员工做精，把市场做大。

怎么让实体的“小”拥有“大”能量呢？——要么自我提升，要么借力。跨界的本质，就是整合，放大相互资源的价值。大到全球性的大企业，小到独立个体，因发展需要，都在跨界。

我曾随教授和同学们一起去日本京瓷企业参访，京瓷创始人就是著名的稻盛和夫，被誉为日本经营之神。他创造了知名的“阿米巴经营”。阿米巴，本身是指单细胞变形虫。阿米巴组织其实就是指像单细胞动物一样，最小的能独立核算、独立完成任务的组织。而且组织就像变形虫一样能够随外界环境的变化而变化，不断地进行自我调整来适应所面临的生存环境。所以，阿米巴组织的边界不是固定的，而是灵活变化的。

有边界，到底好不好？我认为是好的。首先得有边界，知道边界在哪，我们才知道怎么整合。至少我得知道我自己的边界是圆是方，你的边界是三角形还是菱形，才知道我和你该怎么整合才可以达到最大面积。就像先得有规则，遵守规则，才知道怎么适应于需求与发展，打破规则。边界，也是一样的。

很多人把一个由竖状的木板组成的水桶用来类比一个人的水平，我觉得都没说到点上。木板长长短短，我认为，短板决定了你现在最多能装下的成就，而长板决定了你能够抵达的机会。若是你的欲望超过了你的最大容积，那该如何？

我骨子里清冷，虽然外在长得亲和，但总与人隔着一层，他人也总觉得与我有距离感。而我弟弟Achilles却不同，他有一股与人迅速打成一片的能力。与其让我走出内心舒适区非要和人假熟，倒不如和我弟弟优势整合，我负责幕后指导，他负责前线作战，刚刚好。如此，在谈业务这件事上，我已不再是我个体本人，而是和我弟弟整合，变成了一个新的对外的整体。

有句话叫作“站在巨人的肩膀上”。虽然我们个体本身仿佛并没有改变，我还是我。但因为站得更高了，视野更宽阔，形成新的意识，我又不再是原来的我了。

人生便是如此，行走在得失之间，有舍有得，有苦有甜。

第四节　永远好奇，自我升级

在我长大的过程中，越来越意识到“人以群分”的含义，这个词出自《周易·系辞上》，越发感叹老祖宗的智慧。那些注定无法达成观念一致的人，微笑就好，不必互相劝说。

我在管理公司的过程中，若是遇到对事情的理解不同、处理事情的方法不同、做事习惯不同、表达方式不同等等，并不介意。虽然我鼓励大家不断思考“最优解”，但也容许同事们在一定程度内的犯错，从错误中学习与精进。唯一会让我产生“担忧感”的是发现观念的不同，那实在有种无力感，毕竟我的时间也有限，要和观念不同的人探讨并找寻可能的共识点需要花费过多的精力，投入产出比太低，经验告诉我——观念不同，是很难真正“人和”的。

常言道：天时地利人和。我说的“人和”更注重内在层面。我认为一个团队需要多元化的人才，也需要不同的声音。若一个团队从来不争吵，并非好事，辩则明，在互辩明理时才能从中得到启发，多角度思考问题，滋生创新。所以有争吵不代表“人不和”。

可若遇到内在观念不同的，比如一个有“上班族”思维的人很难全面拥有主人翁意识。“上班族”思维更注重自身权益：福利怎么样？年假多少天？每年的薪资涨幅比例是怎么样的？这件事不是我的职责范围；办公室脏就脏了，等阿姨来扫好了……

而这些，是没有对错的。从“上班族”思维的人的角度看，这是对的。人，总是主张“自己认为对的事”。

之前有部描述创业者的电影《燃点》上映，有网友写到他去影院看片的时候，屏幕中正放到有位创业者在慷慨激昂的演讲，该网友的背后突然发出一个冷冷的声音：“这个傻×是我老板。”

这一定不是个例，好多人只想过着稳定的上班族生活，主管交办的事我做好，午餐时间早10分钟出来，晚10分钟回去，上班时间有点空看看自己的副业公众号阅读量到达多少了……他们的创业老板可能已经为了让公司能运营下去、能给员工发出下个月的工资，失眠了一周、卖掉了房子……

这两类人，本质是没有对错的。从思想决定态度、态度决定行为的角度看，从如何定位自己、发展自己、自己最终获得什么的角度看，这两类人本质是没有对错的。

创业者跟员工说："只有一起全力拼搏，才有创业成功的可能。"员工认为："要让我为了那极小的创业成功率拼，不可能，纵使有员工持股/期权，但我熬不到那一天。这是你的公司，你当然应该扛起最大责任。我领多少薪水，做多少事。"除非品尝失业之苦，不然他恐怕无法明白"皮之不存，毛将焉附"。

老板跟员工说："维持干净的办公环境，是无形之中让你自己身心舒适愉悦的。没有投准垃圾桶的纸，不过就小跨一步弯一下腰捡起来丢进去而已。"员工觉得："我来这里是当工程师的，不是打扫阿姨，维持清洁是保洁的事。"

我有一位朋友是一家大企业的中高阶管理层，觉得公司的组织架构说改就改下一年的业务侧重点和今年的业务侧重点说调整就调整、她所在的部门明明是赚钱的为什么员工不能按原定的标准加薪、今年为什么没有员工旅游……可她明明知道公司今年整体的效益不好、目前还是亏损的、融资不顺利、几千号人的公司每个月的成本之高可想而知……但，她不是企业主啊，她没办法感同身受企业主的处境和决策，她仍旧抱怨为什么公司不能给她更丰厚的奖金……

作为不远不近的朋友，我能说什么？和她辩论“老板思维”和“员工思维”吗？我花这时间，没意义啊，吃力不讨好，对方还觉得为什么我不站在她的立场替她考虑，她也有存钱买房的需求，她为自己打算的想法也没错啊，而且她又不会去成为一名创业者或企业主，她可能永远都体会不到那个角色的喜悦与惆怅……

很多道理，是亲身走过的路上悟出来的。没有走这条路的人，可能永远都悟不到这个点。所谓“设身处地”替人着想，前提也得是你曾处在那个位置、那个角色，你才知道那个位置、那个角色的感受，不然，你没创过业你怎么深知创业者的处境和感受？含着金汤匙出生的少爷没有当过仆人怎么深知仆人的处境和感受？记得一篇研究文摘中说：“要求他人的体验和我本人的体验以同样的方式被给予是荒诞的，实际上二者本身就是以不同的方式展现出来。”我同意这世上根本没有真正的感同身受，只有尽可能互相理解。

人有千百种，世界多纷扰。你们看看网上几乎对于每件事都能吵成一片。网友认为有名人去世了你为什么不哀悼，又有网友认为现在国内发生重大疫情你为什么还去哀悼外国明星，还有网友认为最近的新闻都很丧你为什么还有心情看春晚、吃年夜饭……

不同的人，对于世界的认知程度是不同的。老子说：道德仁义礼。《道德经》第三十八章写道："故失道而后德，失德而后仁，失仁而后义，失义而后礼。夫礼者，忠信之薄，而乱之首。前识者，道之华，而愚之始。是以大丈夫处其厚，不居其薄；处其实，不居其华。故去彼取此。"

前面比较好理解，意思是说失去了"道"而后才有"德"，失去了"德"而后才有"仁"，失去了"仁"而后才有"义"，失去了"义"而后才有"礼"。所以，依这个顺序，"礼"是最基本的，比如某些礼节规范。我之前讲的对于别人发消息给你要不要回，不回是不是没礼貌；别人对你提要求你要不要听，不听是不是没礼貌……其实老子也说了，礼这个东西，是忠信不足的产物，而且是祸乱的开端。所谓先知，不过是道的虚华，由此愚昧开始产生。所以大丈夫立身敦厚，不居于浇薄；存心朴实，不居于虚华。所以要舍弃浇薄虚华而采取朴实敦厚。

所以，我们考虑问题不是停留在表面的礼节，而是更深层次去理解：我们是否彼此遵"义"——做有意义的事、有责任感、实现自身价值；是否彼此为"仁"——以人为本，富有爱心；是否彼此重"德"——《素书》中说："德者，人之所得，使万物各得其所欲。”我觉得其实就是尊重各自的欲望，你好我好大家好；是否合乎“道”，哲学层面的领悟，这个太难了，不强求。

我说的“懂人、懂事、懂规则”中的“规则”，不单是明面上的规矩与章法，而是合乎自古以来世界运行的道理、可经验的万事万物的原因、根据、规律。我也做不到，只能尽可能地“志于道，据于德”。

总之，做好自己，互不勉强。

事实上，世界辽阔，我们有必要一定和“注定不一样”的人打交道吗？那些人又真的把你当回事吗？——每个人其实都把最多的注意力放在与自己有关的事情上，你又何必非要通过别人的掌声来掂量自己的分量？

我们接受世界多元，包容和理解“不同”，对不同的声音保持好奇，这是拥有高接受度者应该有的修为。当然，在我们能选择的时候，还是会自然而然地和那些同类混在一起，这是天性，就像下课的时候你会下意识跑到平时经常玩在一块的同学身边度过那短暂的10分钟，因为同类让心舒服。

既然有同类，自然有非同类。有志同道合，也有对牛弹琴。有酒逢知己千杯少，也有话不投机半句多。所以，要允许他人不理解你。

建立自己的边界，有边界感，你才知道哪些人在边界里，哪些人在边界外。在边界外的人，他们本就也不舒服在你的边界里，强拉进来干吗？给自己添堵吗？

有位同学在日本当交换生半年，感觉像去“禅修”一样，回来面对一群不理解他的人，落差感满满地吐给我一堆人生感悟。他感叹：“为什么聪明又人好的人那么少？”我说：“我们现在的状态，真的没有时间去和始终契合不了的人周旋了，太浪费时间和人生的重点。”

想想看，平日里你的微信群是不是各种类别都有，在你心中也分别是不同定位。有些是工作群，有些是抢红包群，有些是所谓的资源群……

直到今年春节那令人终生难忘的新型冠状病毒疫情期间，几乎所有人足不出户。我闭关在九华山里，本是年前计划好过来写书的，没想到居然成了“躲”病毒。看雪、喝茶、写作，在无人的大山散步，在微信群里云聚会、云交流……突然发现，那么多群里，哪个才是能让我感觉最舒适、最敞开心扉直抒观点的？

这个群，几年来，成员大概维持在18位。群成员皆有些年纪以及在各自领域取得了或大或小的成就，珍贵之处在于，他们都是“有趣的灵魂”，不矫揉造作，就算矫揉造作，也坦白告诉大家“我在这个领域有真品实料，可以装一下专家”。群里的话题从天文、地理、文学、物理、历史、文化、哲学、法律、时事……无一不括，有时会因为观点不同、辩论激烈而正儿八经地生上气。可见，“人和”不等于不吵架。

和他们在一起之所以自在，是因为你不用担心他们听不懂你。要知道，能互相听得懂的是少数人，假设人因智慧不同而呈现金字塔形，越往上一定人越少。你若是顶上的小部分人，能听懂你的注定是少数人。我曾这样定义朋友：听得懂，聊得来，互相看得上。那么在金字塔中下部的人呢，也许他们互相听不懂。

群里叫我“小妖女”，说是比“小仙女”更显得出我的特色——“仙”，有能力、有能量但四平八稳、端庄秀丽，有距离感；“妖”，有能力、有能量但不安分，却在给定环境下是可爱的。世人其实都有一双慧眼，终会辨识华衣、浮夸，抑或粗布、娇柔背后那颗纯净的心和那方纯粹的美好。那不就是精神的意义吗？你要相信，你的朋友们有这种智慧。

有时，人就是被认同感支配。拥有良师益友是多幸运的事。在好几位友人眼里，我怎么样都好，优点被诚挚的眼神赞美，缺点被认为是成长必经足迹，对我无限包容，对我充满信心，对我由衷欣赏，对我万般肯定。《西游记》中言：“念念回首处即是灵山。”有朋友的地方，就是我的灵山。他们让我觉得我仿佛就是那么好，哪怕本身没那么好，信念加持，逐步也越发往那么好的方向走了。

第五节　建立你的社交规则：边界感

天才哲学家维特根斯坦曾说过：对某人谈他不理解的东西是徒劳的，哪怕你告诉他，他也照样不能够理解。

正如前文说的，观点是可以碰撞出新意的，数十年养成的观念却无法在一朝一夕之间改变。就像知识是可说的，智慧是不可说的；知识可以传递，智慧却只可意会不可言传。维特根斯坦说："凡是能够说的，都能够说清楚；凡是不能谈的，就应该保持沉默。"他认为当对象是无法言说之物时应保持沉默。比如一个简短的哲学理论，虽然只有短短几个字，但即使用上成千上万的字去解释它，也难以把它说个透彻和明晰，因为往往在这个时候，人们心里虽然对它有了了解，但无从寻找合适的字眼去把这个理论解释到自己心中所想的程度，才导致没有办法把这个理论清楚地解释出来。再比如谈论人生和理想这类虚有的事物，即使口若悬河，也难以说个明白、道个清楚，不如，就保持沉默。

心理学家埃内斯特·哈曼特（Ernest Hartmann）最早提出自我边界概念，他说："如果自我是一座古堡，那么心理边界强度便是古堡外的一圈护城河。当然，护城河的宽度由你自己决定。"

我心中有一个舒适的空间，于是我开始勾画内心城堡的模样，它长成我喜欢的风格。围墙是铁，不，铁太坚硬了，冷冰冰地把所有人挡在了外面。于是我把铁围墙擦了，围起木篱笆，不，木篱笆太多空隙，防不了那些没有边界感的人。于是我也不要木篱笆，画了一圈砖墙，恩，舒适度刚刚好。城堡的轮廓不能太圆也不能太方，城堡里有各种稀奇古怪的摆设，沙发柔软又不失弹力。我想我的城堡上面要有烟囱，仿佛能够触碰到太阳……

我无法用语言描绘我的舒适区，但是我依照舒适区构建了边界的样子。我把边界尽量清晰地传递给你听，那么就希望你能尊重。

同样地，我也希望你能告知我你的城堡的形状，我们才知道多远的距离、如何安放，才会让两座城堡展现最舒心的风景。

"Carl，你给美国××公司的E-mail发了吗？"我问。

“还没。”Carl回答。

“你不是说昨天下班前会发吗？”

“昨天快下班的时候不是来了个客户嘛，我在接待，所以没发。”

我真是“无语凝噎”，回办公室喝了口茶缓了缓，把他叫了过来：“这位大哥，好多次了。问题不是在于你昨天发还是今天发，也不是在于你是不是被其他事耽搁了所以昨天答应要做的事没有完成。而是你要提前说！比如昨天眼看完不成，至少应该交代一声，这样其他配合这个项目的同事就知道今天是等不到对方回复的，可以先处理手边其他的事。而且，你不能每次定下任务完成的deadline，到了deadline后又默默地假装没这回事，或者自说自话地改了个deadline却不告知相关人员知晓，你把和你配合的人都置于被动地位……”

“Lee，这是你第几次迟到了？”Jonas责问道。

Lee不好意思地回答：“没想到路上那么堵……”

Jonas难以抑制不满：“可你不是第一天来上海，早上8点出门能不堵吗？而且你真的次次迟到哎！这次又是那么大的活动，你都能迟到一个小时，会不会太夸张啊？”

Lee每次迟到都会显出不好意思的表情，但依旧没有准时过。

这已经是Jeff第四次催促Andy尽快完成这个项目："那个case做完了没？"

Andy："还没，今天我把它做完。"

Jeff："两个礼拜嘞，还没做完？！"

第二天，对于这个case没有任何动静，Andy没有反馈，Jeff也没追问。

第三天，客户又来催，Jeff问："Andy，你昨天没把档案做完发给客户吗？"

Andy："没，这两天有点忙，后天一定做完。"

Jeff就差咆哮了："后天一定要做完发给客户，不然在假期之前收不到尾款了。"

终于，Andy在当天晚上的饭局结束后，熬夜把case完成发给了客户。第二天，Andy大约12点到的公司，然后坐在沙发上对同事说："好困，昨天圣诞节晚餐结束后，我赶工到凌晨4点。"

同事说："其实这个case，你完全可以在过去的三个礼拜的任何空余的4小时完成，而不必要拖延到圣诞节……"

以上都是实例，可见，一切尺度因人而异。有些人愿意先苦后甜，有些人想得过且过；有些人觉得要重约定守承诺，有些人觉得耽误几天不妨事；有些人觉得我看到的未必是真的，有些人觉得如果我看到的都不是真的那还有什么是真的；有些人觉得不要随意给人下判断，有些人觉得他的面相一看就不是好人……

我们存在于世，无法孤立生存。企业里、部门中、合作伙伴之间，不得不应对的“不同类”太多了。真正维系“人和”的，不是边界模糊、互相侵犯而不自知，而是清晰边界，尊重彼此的社交规则，保护各自的边界感。

孔子的社交规则是这样的：

- 己所不欲，勿施于人。（那你就不会教孔子以牙还牙：“别人打了你，你应该打回去啊。他陷害你在先，你为什么不能以其人之道还治其人之身？”）
- 见义不为，无勇也。（那你就不会跟他嚷嚷：我上有老下有小，只求自保。没必要互相尝试说服，倒不如你跑你的，他救他的，不耽误行义。）

孟子的社交规则是这样的：

- 富贵不能淫，贫贱不能移，威武不能屈。（那你就不会塞给他一万块让他给你办事。）

- 生，亦我所欲也；义，亦我所欲也。二者不可得兼，舍生而取义者也。（那你就不会要求他珍爱生命，打不过就举白旗投降。）

老子的社交规则是这样的：

- 我有三宝，持而保之。一曰慈，二曰俭，三曰不敢为天下先。（那你就不会要求他别过分谦卑，不花钱怎么会有赚钱的动力，得拥有一个小目标——先赚他一个亿。）
- 大丈夫处其厚，不居其薄；处其实，不居其华。（那你就不会跟他说：Hello，老子，你那么有名，用流量赚钱，豪宅建起来！）

庄子的社交规则是这样的：

- 相濡以沫，不如相忘于江湖。（那你就不会去缠着他，非要和他朝朝暮暮。）
- 君子之交淡如水，小人之交甘若醴。（那你就不会时不时往他家跑给他送茅台。）

墨子的社交规则是这样的：

- 听其言，迹其行，察其所能而慎予官。（意思就是要听人的言论，看人的实际行为，考察人的能力，谨慎地授予官。那你就不会当着他的面说："我有个关系很好的高中同学当局长了，想拉个近乎给我儿子'买个官'当。"）

- 口言之，身必行之。（那你就不会把对他说的话当作随口一言，转身就忘。久而久之，他便不再信你。我曾听过这样一段母子对话，妈妈问儿子："晚上你想吃米饭还是吃火锅？"儿子回答："都行。"妈妈说："好，那吃火锅吧。"到了晚餐时间，儿子看到一桌菜，满脸失望："你不是说吃火锅吗？怎么变了？"妈妈说："我看有两盘剩菜，别浪费了，于是又炒了两个菜，吃米饭。"儿子说："问题不是在于最终呈现在我面前的是米饭还是火锅，原本我并没有强烈的一定选择哪个，而是当你说晚上吃火锅后，我想到火锅的模样，已经期待了一下午。如果你变卦，应该在你变卦的那一刻告诉我，尚且还可问问我的意见，再做最后决定。"其实母子俩的角度都没错，母亲觉得灵活处理问题，儿子觉得应该按说好的做。他们就这样相处了好多年，引得儿子觉得妈妈常说话不算话，也引得妈妈觉得儿子怎么如此不贴心，那么小的事都要放在心上……）

韩非子的社交规则是这样的：

- 不吹毛而求小疵。（直译是指不要吹开皮上的毛发去寻找其间的小疤痕，就是让大家要识大体。那你就不会跑去找韩非子聊八卦、捕风捉影、抓着别人的小失误不依不饶。）
- 人主之患，在于信人。信人，则制于人。（意思是说：君主的祸患在于信任别人，信任人就会被别人控制。那你就不会耳提面命他：用人不疑，疑人不用。因为你跟他说一百个案例用来证明你是对的，他也可以用一百个案例来证明他是对的。究竟孰对孰错，这本身就无定论，信与不信取决于你是怎么样的、人是怎么样的、在什么样的环境、作用在哪些事情上……）

国外名人的社交规则：

富兰克林说："如果有什么需要明天做的事，最好现在就开始。"（那你不会去劝他："哎哟，再喝杯茶嘛，明天中午做也来得及。"）

富兰克林还说："早睡早起使人健康、富裕又聪明。"（我虽然接受早睡早起身体好，但不能把上班时间定在早上

7点。现在有些互联网公司把上班时间定在10点，比如《奇葩说》的制作公司米未传媒的上班时间据悉是11点，有些广告公司的上班时间甚至是14点。我们公司就允许音乐创作人可以晚点到公司，因为他们觉得："晚上万物宁静，适合创作，不被外界讯息打扰。"）

莎士比亚说："名称有什么关系呢？玫瑰不叫玫瑰，依然芳香如故。"（但他也不会选择经常叫错别人名字吧？毕竟有些"受者"没到他的境界，认为别人把自己名字叫错是极不尊重的事。他何必自找麻烦。）

卡耐基说："记住人家的名字，而且很轻易地叫出来，等于给别人一个巧妙而有效的赞美。"（你跟他说：别这么在意表面的东西，莎士比亚都说了玫瑰叫不叫玫瑰又有什么关系呢，关键在于玫瑰那芬芳的本质。）

蒙田说："沉默较之言不由衷的话更有益于社交。"（可是你看好多人在尬聊。）

爱默生说："你信任人，人才对你忠实。以伟人的风度待人，人才表现出伟人的风度。"（这样，你把刚才韩非子的话搬出来怼他。）

歌德说："毫不奇怪，我们所有的人都或多或少乐于跟平庸者打交道，因为那会使我们心安理得，使我们产生一种与自己相同的人交往的舒适感觉。”（不好意思，好多人不觉得自己平庸，他们觉得自己也许是旷世奇才，泛泛之辈不可近。）

契诃夫说：“受到痛苦，我就叫喊，流眼泪；遇到卑鄙，我就愤慨；看到肮脏，我就憎恶。在我看来，只有这才叫生活。”（你跟他说：“小契啊，痛而不言，才是成熟与智慧。”）

达·芬奇说：“荣誉在于劳动的双手。”（你瘫在沙发上：“可我就想躺赢。”）

就是这样，我们在与外界的互动中养成“自我意识”，又在与他人的关系中建立“自我认同”，然后我们明白自己是谁、来自哪里、想去何方，在生存与追寻之中，建立自己的社交规则。彼此，融，则在一起；不融，则巧妙避开，或敬而远之。

当我们偏向某些名人的社交规则时，常会直接把名人之言拿来用，或者借名家之言传递自己的交际准则给他人。

从我的书里摘些句子：

- 生活就是，有时你冷了，别人正好为你披上外套，可始终，你得把外套还给人家，独自走自己的路，所以，不必贪恋那一时的温度。

- 人这一生，从来都是一个人的旅程。往来都是过客，沿途皆是风景。
- 你可以谦虚低调，奉行中庸之道，那是你的自由；你可以张扬、高调，爱听赞歌，那也是你的自由。但是，请不要拿你的自由来要求我，让我不自由。
- 每个人都把最多的注意力放在与自己有关的事情上，你又何必非要通过别人的掌声来掂量自己的分量？
- 淡定，就是有时你得把一切当风景看。
- 刹车比喇叭重要，相信别人不如相信自己。
- 我之所以不在乎别人对我的看法，是因为别人看到的我反映的是他的心态、他的思想中的我，并不是真实的我本人。就像天真的人看到世界都无邪，阴险的人看到别人都耍诈，比较的人看每个人都在攀比一个道理。
- 在那些相似点上看到自己，在那些不同点上欣赏对方。因为他们是我们自己选择的朋友。
- 情义这东西，能让春天里的溪水唱起歌，能把大草原的辽阔装进怀里。
- 决定你好坏的往往不仅在你本身，也在于你身边的环境。身边都是绅士，你自然知道怎么给女士开车门；

身边都是暴徒，你恐怕也会忍不住对看不惯的人揍上一拳。

- 哪怕被世界抛弃，也要化个妆，抬起头，识大体。
- 老天是公平的，他给了你很多鲜花的时候，也会在里面放几只恶心的虫子。
- 始终要有那种把“进退两难”的处境转变为“进可攻，退可守”的本领。
- 事与时间淬炼的强大，不在于外在表现是否强硬，而是内在的沉着与冷静，痛而不言、笑而不语、遇事沉着、待人随和、理解礼貌、豁达光明。
- 有人说“我想要简单”，其实，简单才是最难的。你可以自由地不见不想见的人，不喝不想喝的酒，过上经过思考、选择后的自己喜欢的生活。
- 职场中人，越有分寸，越受敬重。
- 谁的身后没有跟着一串绯闻？若没有，要么就是太无威胁感，要么就是太无存在感。
- “努力”这两个字履行得比别人晚，“成功”这两个字又期待得比别人早。总而言之两个字：浮躁。
- 要让其他人同意自己的想法和做法，必须先有理有据地说服他。

- 世上并不是时时需要真相。
- 对付小人最好的手段就是自己做事坦荡荡。
- 人要始终保持竞争力，才能在任何时候面对任何人，都具备谈判力。
- 和让自己舒服自在的一切在一起，也要让自己有能力可以做这样的选择。
- 不要在那些显然无法契合的人身上浪费时间，不要和消耗你的人在一起，舍掉所谓的“人脉”。
- 嫉妒既可以是毒药，也可以是良方，看你怎么消化它。
- 这世界，本来就是自己和自己的一场游戏。
- 问题带来情绪，可情绪解决不了问题。
- 每个人都有不开心的权利，但并没有传染得周围的人都不开心的权利。
- 对于处事，开始前，尽量计划周全做到最好，而结束后，对无法挽回的结果，最该做的，却是——闭嘴、放掉。
- 错失许多“有价值”的体验，是因为没有能力去高效搞定那些“低价值”的事。每个人的时间都只有一份，用什么事占据它，决定了你最终身处的位置。
- 在你可以选择善良和不善良的时候，选择善良，那是风范。有些人没得选，他只能善良，要不然更没有活路，因为他没有作恶的能力和本钱。

- 曾经的孤独，被我用来修行，内外兼修，专注成长。如今已经沉淀出享受孤独的心。现在我的身边围绕着很多人，但人来必将人往，再平常不过了。而我知道，我的心已经强大到，纵使哪天只剩我一人，我依然会享受孤独。
- 我们常常努力消除悲伤，但有没有想过“悲伤”的感受，它为你而来，饱含你的情绪，想拥抱你，你却一直挣脱，它该多难过啊。我就不一样了，我和我的快乐、我的悲伤，一直和平相处，快乐朝天，悲伤朝地，我就静静地看着它们互拜。
- 可以在乎，但别太在意。用出世的心态做入世的事。
- 现在，越来越成熟，渐渐对别人的生活从本质上不关心，也越来越懂“道理”，不干预他人在自己人生路上要做的选择。
- 对地位比自己高的人阿谀谄媚，对地位比自己低的人冷眼不屑，这是普通人。对地位比自己高的人淡然对话，对地位比自己低的人谦逊有礼，这是聪明人。
- 社会上大部分人嫌贫爱富、趋炎附势，可在我看来，反一反才“正聪明”。

- 予人什么东西最让人难忘？——给他，他所缺的。
- 不要和无谓的人周旋，尤其是和闲人。
- 太精明，何尝不是一种另类的刻薄呢？
- 生活不靠谱，我们要自主。三分才气，七分努力，成就人生逆袭。
- 最好的正能量，就是过好自己的生活，然后别人看到你的生活就充满动力。

……

这不就是我对外输出的我的社交准则吗？源于我的意识。若你们与我有共识或者能达成共识，说明我们交流起来也许不会太费力。若无法苟同，就留着那些理解的，不纠结那些不理解的，各自安好便是。我领悟的，你未必认同；你领悟的，我得靠自己走过一遍才真正体会。就让我们在各自的人生路上，守护边界、跨越边界、达到新的边界，顺其自然、水到渠成。

第四章　独立

星河滚烫，你是人间理想，不必囿于厨房与爱

第一节　独立女性，别放弃仰望星空

前文说到“自我认同”，我特地去查阅了一些外文资料，自我认同的英文是self-esteem，直接翻译过来是“你如何评价自己”，可我觉得没有翻译出“value”的感觉，解释成“你如何从自我价值的角度评估自己”，可能更到位一些。

Self-esteem refers to a person’s overall sense of his or her value or worth. It can be considered a sort of measure of how much a person “values，approves of，appreciates，prizes，or likes him or herself”（Adler & Stewart，2004）. 这段话我这样理解：自我认同是指一个人对他的自我价值的总体感受，可以被看成一个人有多赞同、欣赏或者喜欢自己的一种衡量。

影响“自我认同”的因素很多，包括：遗传、人格、生活经历、年龄、健康、思想、社会环境、他人的反应、和别人比较……但是，需要注意的是：自我认同不是固定不变的。它是可改变的，也是可测量的，意味着我们可以测试并且改进它。[1]

自我认同分为：高自我认同（High Self-Esteem）和低自我认同（Low Self-Esteem），许多文献中有描述高自我认同者和低自我认同者的表现，我在书里不赘述。

可以通过如下方面来看自己是不是高自我认同者：

- 表现得自信而不感到内疚，与他人交流时感到轻松自在。
- 避免沉湎于过去，专注于现在。
- 相信你和其他任何人是平等的，没有更好也没有更坏。
- 拒绝别人操纵你的企图。
- 承认并接受各种各样的感觉，不管是积极的还是消极的，并在健康的人际关系中分享它们。
- 享受在工作、娱乐和放松中达成健康的平衡。
- 接受挑战，为了成长而冒险，失败时从错误中吸取教训。
- 处理批评时不要太把它当回事，要知道你正在学习和成长，你的价值不取决于别人的看法。

---

[1] https://positivepsychology.com/self-esteem/.

- 重视自己，与他人沟通良好，不害怕表达自己的好恶和感受。
- 重视他人并接受他们的本来面目而不试图改变他们。

……

低自我认同者无非就是表现得负面与消极，比如容易生气、回避、觉得自己不重要、觉得自己做的永远不够好、怀疑每个决定、怀疑自己的能力或成功的机会、对别人的意见很敏感、很难拒绝别人、常拿自己和别人比较、觉得自己不如别人、觉得很难创造界限……

高自我认同的人，对自己和他人都不那么挑剔，能够更好地处理压力，避免压力带来不健康的副作用。自信，更具弹性，在面对失望、失败和障碍时更能够反弹。所以，我们应该尽可能让自己成为高自我认同的人，强化自我价值。

我们常说“老好人”，如果是甘之如饴当老好人，当然没什么问题，他享受帮助别人，替别人解决困难的成就感，有求必应，这个“选择当个好人”是他内心的满足感，是他自己的选择，表明这便是他的原则。这么看，还是有原则的。可若“选择当个好人”是被迫的，只是怕得罪别人，为了满足别人而委屈自己，面对别人的要求很难拒绝，没有原则，受别人影响控制，内心并不享受，只是无奈。对别人的认同大于对自己的认同，自我价值感太低，那便是“太没有自我”，这当然不是好事了。

“汝之琼浆，彼之砒霜。”对于大是大非我们是坚持的，但对于好恶不同，我常常选择尊重。俗话说，“萝卜青菜各有所好”，连对偶像痴迷喜欢的粉丝圈女孩都知道：“圈地自萌，专注自家，夸偶像时不要带第三人，别引战！”

你能喜欢你的，对我喜欢的无感；我也能喜欢我的，对你喜欢的无感。我们不必互相说服，尊重就好。

所以，自己喜欢什么没有错，无须拿别人的标准来判断自己的喜好，知道自己喜欢什么才是重要的。

《哥德巴赫猜想》中写道：“一页一页的历史写出来了，大是大非，终于有了无私的公论。”

除了“大是大非”之外，对其他事物的见解，当然可以各有不同。《明史》中有一篇写道：“惟论是非，不徇好恶。众人言未必得，一人言未必非。”纵使你对“大是大非”有不一样的观点，也是你的权利，只不过“大是大非”是公论，你的抗争会辛苦一点。但历史的大河往前跑，真理也未必在多数人手上，也许你的观点在这个世纪未必正确，但在下个世纪却是对的。所以，你当然可以有你自己的观点，我当然可以有我自己的观点。这才是正常的。

有原则、有喜好、有观点，是当然被允许的。你的价值感，由自己决定，而非别人。你完全可以拥有自我价值感，建立自己的社交规则，明确你的社交边界并且让别人尊重。

我们公司在上海市中心最核心的地段，客厅装饰得仿佛音乐咖啡厅一般，用大家的话说是又有情调又惬意。由于交通实在太方便，我常把合作伙伴或朋友约来我们公司，他们也很乐意来，因为又节省时间又轻松。遇到谈得来的，送客时，我会说一句："有空常来玩，把这当自己家。"谈得来的朋友，也许正是因为我们有些共识点，有边界感，他们反倒从来没有不请自来过。

倒是遇到过这样一位潜在合作伙伴，约在我公司面谈，也许是那段时间他加班密集，心情欠佳，见到我没有调整过来情绪，大吐苦水："你这地方真的是太棒了，真的是太棒了，氛围好舒服啊，不像我社畜，天天加班，累死了。"

我有点傻眼，心里嘀咕：我们俩这是第一次见面，是聊合作可能性的，你跟我讲这些？

我问："之前听你微信上说，你要辞职？"

本以为只是随口一问他的去向，看看新东家是否和我们有合作机会，也看看是否可以对接给他目前公司的其他同事，没想到他的反应让我后悔自己提了这么个问题。他又是一连串唉声叹气：“我大概每个月都在想着要辞职吧……”后面吧啦吧啦地说了一堆，最后又回归到重复念经：“你这地方真的是太棒了，真的是太棒了，氛围好舒服啊，不像我社畜。其实以前我也创过业……”

我实在很想打断他，但想到今天是星期五，他是我本周工作日需要面对的最后一个人，我的容忍度瞬间大了一些。“每个人都是不容易的，既然你以前创过业，就知道创业压力也很大。”我意思意思地给了个回应，但不想深入探讨任何关于社畜与创业的话题。好在他来的时候，我正好在办公室打开了电视看着《奇葩说》。因为他迟到了一个小时，听到门铃响的时候，我已经开了瓶红酒正喝着。反正是周五的傍晚，可见可不见的约，迟到就迟到吧，他微信说他在加班会迟到，就保持理解吧。

我拿起红酒杯，突然想起什么，有点尴尬，问：“对了，忘了问你喝什么。”思忖着他可别要茶什么的，因为一泡茶，他就得喝很久，而我其实默默想赶人了。我随口问：“红酒喝吗？”他说：“好，来点红酒吧。”我也挺损的，因为懒得起身，便接道：“呃，没有红酒杯了，可能只能用一次性塑料杯，你不介意吧。”他说不介意。

进入尬聊，气氛几乎凝结，同事们恰巧忙得忙、下班的下班。略微有点情商的客人，此时应该有分寸感地提出告辞，他看了会儿手机说：“我想叫外卖到这里来，你吃过晚饭了吗？好饿，你们这里地址多少？”我若是个老好人，面对这场面，估计心里就算翻一百个白眼，还是会微笑地把地址报给他。可，我不是。

我面露为难之色，直直地回道：“我吃过了，非常饱。”然后转头看《奇葩说》，我就着电视中播放到的选手辩论发表了几句无关痛痒的感受，缓解着空气中弥漫着的“没有话题”“没有话题”“没有话题”的尴尬与慌张。其实我本是无须拿话点缀这气氛的，因为有时气氛就是在提醒别人“此刻正尴尬”，挺好。我之所以这么做，是不让他有时间试图用他的方式缓解尴尬，比如开启一个话题，那我就真尴尬了。

那时说的话，必须无关痛痒，比如“哈哈哈，他好有趣”“她说的蛮有道理的”。而不能真正展开自己的观点，不然怕引发这位先生更多感慨，那真是走不了了。幸好下班高峰又逢下雨，送餐时间太长，让他打消了叫外卖的念头，自顾自拿了桌上的樱桃在那儿吃。无论他说什么，我就回“嗯”“了解”“这样哦”……直到他问：“哎，我之后可以常来这里吗？我真的太喜欢你们这个环境了！我想之后找些朋友过来喝酒。我会调酒，你知道请一个调酒师很贵的。”

什么？为什么我需要调酒师？为什么我需要你们来喝酒？你喜欢这个环境和我有什么关系？

我抬头，定睛看着他，回道：“除了针对客户的活动，其他活动我们这里不搞，会打扰员工办公。”然后，继续看电视，我的表情和当时的空气已充分地暗示，只差说一句：“你可以走了。”

终于，又过了十分钟，他提出时间不早了（估计是饿坏了）：“该告辞了，下次再来。”我客气地送到门口，说了句：“拜拜，周末愉快。”

我也遇到过在网上看到我们公司新闻，自说自话带着名片上门来拜访的。虽然作为业务员登门的勇气我很佩服，但至少应该提前电话或者微信和公司内部员工约好。谁知道你贸然到访的时候，公司是不是方便。

遇到这些，纯粹怪他们没有用，而是要跟保安及外界的人明确规则：没有预约不得入内。至此，就没有不速之客了。

你有规则，别人就知道依照什么。你自我价值感不高，没有规则，很难怪别人对你的边界不清晰，没有隐私意识，逾距试探，得寸进尺。

作为一个30+的独立女性，永远不要放弃仰望星空。

一、做情感上独立的自我

达到独立自主的过程，是一个建立自我价值的过程。Marc J.Noom在1999年针对青春期的人群进行了心理适应性与自主权的关系研究，发现无论是态度上、情绪上还是行为上的独立自主，都意味着更高的自尊、更好的社会适应性和更少的抑郁情绪。

我们说独立，常想到“经济独立”。有人说只有经济独立，才能人格独立。某种程度上我是同意的，这其实符合马斯洛需求理论，你只有具备解决自身温饱等生理需求的经济条件，才有追求精神需求的余力。连生存条件都得靠外界援助的话，何谈独立呢？

电视剧里，当富家公子追寻的理想与父母期待的不一致，力争不得，离家出走，父母做的第一件事就是停了信用卡副卡，切断他的经济来源。这往往两种结果，富家公子被生活逼得活不下去了，就回了家；富家公子在外找到了谋生之路，获得经济独立，就挺直腰杆，说不回家就不回家。

可是不是只要经济独立，就一定人格独立？未必。

我认识一位女企业家，在她二十多岁的时候，遇到一名有妇之夫同事的追求，她不为所动。有妇之夫追求不成，寻死觅活，甚至站到她住的那栋楼的天台想往下跳。同事们赶来，希望她能劝他下来，她说：“他想跳就跳吧。”最终，那位先生没跳，闹剧一场。

尽管经济独立，三十多岁，成年男人，心智却如孩童一般，觉得需求应该被满足，若没有买到心爱的玩具，就哇哇大叫。相反，女企业家在她二十多岁时，面对这种情形，就很有边界感：“你喜欢我，是你的事，我不喜欢你，是我的自由。你要跳楼是你的事，独立个体的成年人自己为自己的决定负责。”

所以，人格独立的前提，需经济独立，也需情感独立。

而且，情感独立是有助于经济独立的。我在台湾念MBA时，结识了一位好朋友，和她先生住在学校附近。她先生平时是一位善良友好的大男孩，本在台南念master（硕士），因毕业论文阶段便住到了台北陪伴她，煮煮菜、写写毕业论文。有一次夫妻俩吵架，没吵完，快上课了，她踩着铃声走进教室，她先生愤怒难耐，在课上到一半的时候，跑到教室，当着全班老师和同学的面，把她桌上的东西收走了。大家礼貌性地对此不投以过多目光，若无其事地继续上课，她也是。直到下课，她出去，下午的课没来上……

后来得知，两人回到家继续吵，互砸东西，满地碎片。她想出门，她先生把她拉回来，推搡之下，脚踩到玻璃碎片，流了血，朋友更是生气，在去拿酒精棉花的时候，生气地一手推开站在她面前的先生。这一推，似打非打，她先生也是气得不能自控，紧紧握住她的手腕，她想挣脱，便开始用脚踢，于是她先生整个人站在她的双脚上。约160斤的体重，把80斤的她那穿凉鞋的双脚踩得红肿不堪，手腕上也是重重的淤青。

她一个人去了附近的医院，那天正好约了我一起吃晚餐，于是晚上我们见面了。她没说太多话，镇定难掩愁容，吃完饭喝完茶，她说还不想回去，于是我陪着她，在凌晨2点的夜里，走在宁静的马路上……在岔路口我们分开，她回到了不远处的家，我回到了学校宿舍。

和平的日子里，她先生温和善良，“也许是论文的焦虑吧”她觉得，又觉得也许是她的问题：她不够温良恭俭让。这是不是夫妻之间吵架的正常状态？——她不知道，没有范本告诉她什么是正确的夫妻相处之道，什么是幸福的婚姻。明明她先生是个善良的大男孩，爱自己，也对自己好，可心里为什么会恐惧。

一次经济学的期末考试，也是本学期最后一场考试，临考前，她来到教室，带着湿漉漉的头发和手上的伤。外面下着很大的雨，有同学问她怎么了，她说："雨太大，淋了点雨，好不容易等来一辆计程车，下车的时候赶着考试，摔了一跤。"考完试，和我一起买了杯奶茶坐在校园的石椅上，她说："吵架受的伤，刚才考试的时候，连笔都拿不动，差点哭出来。"

暑假开始了，看她Facebook的照片，应该是独自一人去了台湾东部旅行。回来后，我们约了下午茶，她说考试当天晚上回去，又是失眠到清晨5点，她失眠大概有一个月了，可只有那一个晚上，她鬼使神差地打开网页搜索了"什么叫家暴"，她不知道那是正常争执、推搡之间因为力量悬殊而造成自己受伤的，还是算家庭暴力。她和先生约定，一定不可以有下次，再怎么吵架都不可以把她弄伤，擦了药还是会痛好几天。

最后一次我们见面，约在了淡水的渔人码头，她说："下学期你就去法国了，别担心我。我已经在这里住了半个月了，最近的一次吵架，我先生非常激动，两手捏住我的手臂，我简直痛得说不出话。后来他把我赶了出来，我就真的出来了，在Airbnb上找了个民宿，住到现在。期间他一直打我电话，不接就拼命继续打。不是我不想接，而是一看是他打来，我的精神压力就很大，不知道他会不会要求我回去，可我又很怕回去。接过几次电话，他觉得我太小题大做，把自己想象成电视剧里的受害者一般，故作矫情。我也不知道，婚姻和生活没有标准答案，很迷茫。他威胁我，如果不回去，就要去我学校闹，我很害怕。

“我每天在黄昏的淡水码头伫立，看往来的船只。明明以前他不这样，是非常善良的大男孩，是不是因为我在吵架的时候言辞过分？我从自己身上找原因。总之，现在这段婚姻让我倍感压抑。

“我鼓起勇气去了社区律师那里，从进门那一刻到出门，流程是那么的简便，虽然免费，但是一个专业的系统。行政人员都很友好，律师是位女士，我在她办公室诉说，她耐心地听着。整场谈话下来，有句话是我想跟你分享的，律师说：‘其实你不用怕，台湾一些家暴的案例，很多妻子是经济不独立的，完全依赖于丈夫，又有好几个小孩，没有勇气和能力离开。她们担心寻求法律支援后到头来还是得回家，怕引来丈夫的报复。但其实真实的数据告诉我们，在她们寻求法律保护后，反而会对丈夫起到震慑作用，有些丈夫会节制自己的行为甚至与她们平等对话。你别看那些七尺男儿貌似力量强大，心里并不是真的天不怕地不怕，当他们的太太突然间不再柔弱，这个柔弱不是指表面柔和，而是内在的不柔弱，并且使用社会保障武器保护自己时，他们也会怕的。更何况你，既没有小孩，也有谋生的能力，你只是目前还在念书进修，就误判了自己是依附者，其实你是独立的。’经她这么说，我恍然大悟。

“在我先生再联系我的时候，我要求他和我一起去看婚姻咨询师。婚姻咨询师也是一位女士，有心理咨询执照，她从我的反应来看，告诉我先生：‘她并不是装的，她是真的受到了惊吓，目前精神状况不是很好，不能再受刺激。’

“于是，我和我先生决定分开一段时间，冷静地想想他、我和这段婚姻的前路可以怎么走……”

我眺望远处的晚霞，听着她娓娓道来。言语在现实的生活面前显得苍白无力。

几个月后，我在法国收到她发来的讯息，她离婚了。“我觉得从未有过的轻松！”她写道，“决定很难做，在决策前的伤脑、迷茫、不舍、痛苦与进退两难，在决策后竟然瞬间有种尘埃落定的感觉，意想不到的释怀。”

先生还是那个很好的先生，她也还是那个她。个性刚毅的两个人，磨合不了。大约一年后，他先生谈了新的女朋友，却没遇到过类似的问题，她说："压力其实是互相给予的吧，清官难断家务事，夫妻之间的种种更是难判对错。由衷开心他找到了合适他的人，希望我们都幸福。"

一个我和她共同的朋友，先生是法国人，在一次聚餐时说："好像东方女性在面对伴侣相处问题时，特别容易从自己身上找原因。"

过去了那么久，我再次咀嚼我们这位共同朋友的话，觉得：是啊，其实只是不合适，努力之后还是不合适。朋友去接受婚姻咨询，分居冷静，就是他们为了这段婚姻所做的努力。朋友本来因为是自己的先生在支出每月家用和她的生活费而低估自己独立生存的能力。她是先建立了情感上的独立，于是终于有勇气下了离婚这个决定。而离婚对她，相当于切断了当时的经济来源，不留退路的结果就是马上找工作。只要愿意，难道还没有任何营生之法吗？也不过就一个月吧，她就找到了工作，还是自己喜欢的行业、喜欢的岗位。

就这样边工作边读书，经济独立，完成了最后一个学期，顺利毕业。又过了大约半年，她升了职……

生活中很多人，仿佛完全依附在重要关系人身上一般。

比如有些女生，男朋友在忙不理她，她就又哭又闹，好像就不能自己一个人待着似的。她说："我无聊啊，我要他亲亲抱抱举高高。"拜托，他现在在忙，至少等他忙完吧。无聊，你可以发展一些自己的兴趣爱好：舞蹈、阅读、写作、健身……用其他事物带给自己愉悦体验，扩充生命的厚度和深度。你的幸福感越多源于自身，别人就越少能控制你的情绪。

其实培养艺术类兴趣，也需情感独立的。因为艺术创作既是技术性的，同时也是情感性的。在创作过程中，情感的独立和自由是创造艺术作品必不可少的条件。

还有，我曾在网上看到这样一篇帖子《男人眼中最有魅力的女人，往往都有这些独立的表现》，哦，不好意思，非常不喜欢。女人的魅力让女人自己觉得可以吗？

"我不要你觉得，我要我觉得。"若是我的魅力得靠你眼中的标准来决定，那我是多么情感不独立！

二、做思想上独立的自我

有本书叫《乌合之众》，非常有名，是法国社会心理学家古斯塔夫·勒庞创作的社会心理学著作。大致阐述了群体以及群体心理的特征，指出了当个人是一个孤立的个体时，他有着自己鲜明的个性化特征，而当这个人融入了群体后，他的所有个性都会被这个群体所淹没，他的思想立刻就会被群体的思想所取代。而当一个群体存在时，他就会有情绪化、无异议、低智商等特征。[1]

“网友”就是个群体词汇，好像就有这样的特征，容易受引导、被煽动。一次某家权威媒体提出一个论点，引得网民疯狂追逐。学者、教授、企业家等少数人（相较于全体网民，这些人哪怕加起来的数量，也还是少数）表示异常气愤与深深担忧：“那个论点是错的。”

大众集体缴“智商税”一定不是个别情况。我在微信群里说：“谣言满天飞的时候，更是要独立思考啊！”群里一位朋友是清华大学学士及硕士，他父亲是国之栋梁，回复我：“平时没有独立思考，关键时刻也不可能有独立思考；平时没有言论自由，关键时刻也不可能有言论自由。”（我很想写下来他说过的另一句话，那句话和这本书相得益彰，可我不知道该放在书的哪里，就写在这儿，让大家细品。他说：“规则定义什么叫存在，规律不定义存在，只是说明存在的样子。”）

---

❶孙启菲. 具有持久影响力的经典——再读勒庞《乌合之众：大众心理研究》[J]. 参花（下），2016，（9）:113-114.

所以，独立思考，应该是日常习惯，我们应该当作日常习惯培养。

在过去的书中，我写到不喜欢带有这三个特质的人：常抱怨，包打听，废话多。例子举过很多了，这次不再探究负面情绪的感染力和远离垃圾人的课题，而是从“独立思考”角度来看，那些人云亦云者，其实最容易被利用。

我曾和一位创作人搭档，我作词，她作曲，写了一首青春少女的歌，录好demo后就一直放着，找机会再发表。一年后的一天，歌被一张合辑选中，确定要录制出成品。合辑的主理人四处寻找合适的歌手，因为主理人非常资深，我便放心地听他们安排。直到歌曲成品出来，我才得知曲子已经被重新编曲成一首苦情歌，而歌手是非常好听的烟嗓。虽然新版本我也非常喜欢，可对于原来的版本，当时创作时的心境，我很有情怀，希望能再有一个青春洋溢的版本。于是便把想法告诉了那位创作人：“现在这位歌手的声音非常适合苦情版本，但不是我想要的少女感，我想另觅一位合适的歌手把原来那版也录制一首成品。”她也同意，作为曲作者和编曲师，歌手录制的时候她也在。得知我的想法，她回复好，随后表达了当时在和那位烟嗓歌手录制时并不太满意，觉得歌手不够专业。背后不语人闲话，我没有回话。

当我把想法表达给主理人听，说曲作者和我都希望把原版也录制一首成品，费用可以我来出时，主理人说："你们要再录一版，我也同意。现在这位歌手要不是当时曲作者力推，我个人也是觉得原版更符合歌词的意境。"

我这才知道，原来烟嗓歌手是曲作者推荐的，为了适合歌手的嗓音，改了编曲。

没过多久，我就听到"童童不喜欢那位烟嗓歌手"的传言，略微无奈。这不是第一次了，这位曲作者虽是个善良的姑娘，可真是有"不自觉嚼舌根"的毛病。和我聊时，顺着我的话说："是啊，烟嗓歌手的声音肯定不适合青春少女感的歌。"可不知是为了和聊天对象套近乎还是纯粹自己嘴碎，她总会添加更多的话："我一开始也觉得她不适合这首歌，所以还特地改了编曲。"这样一串看下来，就变成过度解读，仿佛是repeat（重复）了一遍我的话，可明明已经不是我的本意。相信她和别人聊天时，也是这个毛病。于是，在这个人面前加一点，在那个人面前加一点，就copy大走样了。想取悦别人，最终谁都没取悦到。

平时看她朋友圈发的内容，大多是转发一些人云亦云的观点，有些观点说实在的真的没有逻辑，我心想：那么扯居然也有人信。

遇到这样的，我一般敬而远之。

不在一个知识体系，很难在一个逻辑圈；不在一个逻辑圈，那我就不聊了。聊得来的前提是能听得懂，而在不在一个知识体系，决定了你们能不能互相听得懂。

想要拥有独立思考能力之前，得先有“思考能力”，思考能力与你拥有的知识背景有关。当你拥有不同知识背景的时候，你的思考过程和结果，会截然不同。网上有许多训练思考能力的方法，大家自己去查。好，假设现在你已经具备思考能力，那么是否具备独立思考能力呢？Independent thinking means making sense of the world based on your own observations and experiences rather than just depending on the word of others.[1]我翻译为：独立思考是指通过自己的观察和经验而不是他人的观点来理解世界。

爱因斯坦说：“独立思考和独立判断的一般能力，应当始终放在首位。”

在美国，小学生就已经开始有系统地接受批判性思维的训练了，课上会用关于事实（Facts）和观点（Opinions）的展示板，教育孩子们如何分辨它们。事实，词典解释为客观世界所直面的情况，包括事物、事件、事态，即客观存在的

[1] http://www.gospelassemblyfree.com/facts/thinking.html.

一切物体与现象、社会上发生的不平常的事情和局势及情况的变异态势。观点，指对待事物的看法和理念。事实是客观存在，观点是主观判断。不过，事实不是一定是真的（比如“地心说”曾长期被认为是客观事实，后被证伪），观点无所谓真假。

看过辩论综艺节目《奇葩说》的朋友们，对于双方观点，正方能说出正方的一堆道理，反方能说出反方的一堆道理。而你在看的时候，是拥有自己的思辨能力，还是听听左边点点头、听听右边点点头？

有“常抱怨，包打听，废话多”特质的人，往往缺乏独立思考的能力，除非他是故意的。常抱怨往往是种无能的体现，若有能力，那时间早用来解决问题了，哪有空抱怨？包打听，说明他喜欢留意别人的闲话，加上废话多这个特质，便是长舌妇/夫。他若是具备独立思考的能力，那就不会散布谣言，因为谣言止于智者。若是闲言碎语传得沸沸扬扬，不就反推他没有独立思考能力。

而这类人有作用吗？有的——很容易被利用。当有心人想要散布一则消息，找到这样的人就是非常好的传播途径。掌握营销传播学的人应该深谙此道吧？我看过一本书叫《引爆点》，也说到了营销中的“关键人法则”。有些电视剧里会有这样的画面：想要传播一则消息，去市井买菜，找到那个最爱“东家长西家短”的大妈，跟她唠嗑，第二天，这个消息就会传遍全城。所以说，“小道”消息这个词特别形象。

思想上独立，我想讲三个重点：

第一，训练独立思考能力。我看国外一篇有关“Leadership（领导学）”的文章，表明：智力活跃的大脑会打开机会的大门，无论你的思维是逻辑的还是创造性的，成为一个独立思考者，都会使你提高工作效率以达到更高的自我意识水平。独立思考是一种工具，可以增强个人表达能力和创造力，是一项值得获得的附加技能。[1] 过去我常说：团队需要多元化人才。试想，如果团队里只有一种观点，其他人统统附和，多要命？前文中我提到“扁平化组织”，其实这样式的组织有优点也有缺点，优点在之前已经说过了，缺点就是它对于组织中“人”的要求变高了。在金字塔组织中，不乏可以听命令当螺丝钉的。可在扁平化组织里，许多企业讲究分权管理，即一部分决策权下放到具体部门，若是具体部门缺乏独立思考和判断的能力，怎么做决策？

第二，对他人。常有各式各样的“有心人”把观点包装

---

[1] http://www.leadershipexpert.co.uk/importance-independent-thinking.html.

成事实，你要有独立思考和独立判断的能力。凡事讲逻辑，不盲目战队。别太迷信“权威”，保有批判性思维，真理总是越辩越明的。比如之前关于一个话题，我们几个朋友讨论“是该相信数学模型，还是相信官方数据”。有人说，也许官方数据是基于一些目的，应该相信数学模型；但也有人说，数据模型估计人类社会的事情特别不准，因为人类会根据数据的变化而采取行动，造成在过程中模型就变化了。你应该学会的，是做一个有思辨能力的人，不要轻易被引导。

第三，对自己。切忌只听到自己想听的，只看到自己想看的。“一个谎言说一百遍自己都以为是真的了”，同样，偏信自己想听的“真相”会迷失找寻真相的动力和能力。让自己越来越通透，应该尽量多听“不同的声音”。

我不是说“不在一个知识体系、不在一个逻辑圈，很难聊”吗？我不是说“尊重边界感，听不懂、聊不来不必硬融”吗？但是，我们是独立的个体，却不是独立在社会关系之外的。当一定要和不同知识体系的人沟通时，怎么办？

我的做法是——找“中间人”。我之前想开发一个网站平台，通过分析，觉得有需求。认识的朋友中，懂开发、会开发的寥寥无几。好不容易想到一位技术大牛，却着实怕和他沟通，因为过去在微信群里讨论，他与我们几位从商的女生常常进入很难聊的境地，观点没有对错，只是没有潜力达成共识，形如鸡同鸭讲。有时我会开玩笑：真恨不得拿代码跟他沟通。一次，大家的讨论趋于白热化，我在群里直言："算了，我和Ralph不是一个逻辑圈的，没法儿聊。"他表示非常气愤。我觉得我这句定论虽是事实，但是是粗暴的，深刻反思，不该以商科生的口才优势"欺负"IT男。总之，我们互相能尽量不沟通就不沟通，因为约70%的表达都会产生歧义，那真的不建议浪费时间。不过，这不影响我们认可对方是善良与真诚的人，以及作为群成员的友谊。对方若有需要，我们都会仗义相助。

这次，是我需要专业技术人士，对于他的专业能力与人品，我是信赖的。所以，最好的求助对象是他。可沟通是我的困扰点，怎么办？找中间人，一位既懂点商业又懂点技术的我们的共同朋友Anson，曾经当过产品经理，他可以协助"翻译"啊。于是，Anson把我的需求用Ralph能接受的表达方式传递过去，又用我能听得懂的语言（我不懂技术）把Ralph的意思传递回来，我们就这样顺畅地走完了来来回回的交流并且没有发生语言冲突，不然又要浪费时间在争执上，甚至导致沟通中断，交流没办法继续。

作家、画家、音乐人、艺术家、哲学家、数学家、科学家、历史学家、天文学家、IT人士……好多，还有二次元、饭圈……大家的知识体系不同，思考和表达方式不同，隔行如隔山，理解和交流有“壁”很正常。当需要的时候，比如跨界营销，就要找个切入点，打破次元壁。

最后，借着思想独立这个话题，我想和我的读者们分享：

很多励志故事告诉大家要健身、要节制饮食、要变成更好的自己。我不反对，我觉得他们做得都比我好。不过，我不想表达这些，我所传递的，不是形式上变成更好的自己，而是本质上我们能通过自身精进找到“能理解世界运行的逻辑”“懂人，懂事，懂规则”，从而大概率地去实现“物质与精神的自由”。

如果我问：你想成为瘦且漂亮的零资产零负债的人，还是成为胖且长相普通的有钱人？你怎么选？也就是说，人变瘦了、变白了、变好看了，有好处吗？大概率是有的。但能实现人生真正逆袭到新境界的，还是在于内在修炼。所以，我劝大家不断内修：看书、向更好的人学习、在多元文化中交流……不一定看我的书，也可以看其他很多很棒的书，但不要看口号式的鸡汤。因为我希望我的读者不是我的捧场客，而是去实现自己物质与精神的自由的独立优秀的个体。

每一位30+的独立女性，别放弃仰望星空！

第二节　相互独立，愉快共生

我之前写过一篇热文叫作《找个偶像，超过她》，当时的观点是：我不会追那些太遥远的“星星”，而是会追“努力一下，可以达到的，或是朝着她走，能够让我有动力把自己修炼得更好的”偶像。

写那篇文章的时候，正是我刚摆脱了对2013年的一部热门韩剧的男主角的迷恋。当时觉得“像这样的‘星星’太耀眼也太遥远，不会带给我改变，反而会加深我对现实的认知度和接受度的偏颇，幻想太过完美，心中的期待值就会升高，再看看现实，落差感会加重，这不利于对周遭的客观认识，不切实际的要求也会加重自己对另一半的要求”。

但现在，大约是六年过去了，这六年中我不曾喜欢哪位男明星，却由衷喜欢另两位“偶像”，是不是我的论点变了呢?

不是，是我变了。

喜欢那位韩国明星的时候，我还在外企上着班，当时的我所能想见的未来职业生涯不过就是晋升，也许四十多岁能跻身中国区的几大总监之一，那已经算很好了。若是自己开公司，想象中也大约是父辈们做生意的样子。那时的我，和众星捧月的偶像之间有着遥远的距离，我大概只能把那位韩国男星所有的电视剧和电影都看一遍，没东西可看了，再重复刷那部让我心动的电视剧。后来知道，我不是迷恋的个例，好多女生都是如此。心里是隐隐担心的，因为那种喜欢在当时无法在我身上产生更好的作用，我对真实生活中的伴侣的感觉大幅减淡，对方的喜怒哀乐对我来说好像降了好几个重要级，而我当然无法真正见到剧中的他，一名外星人，更何况现实中的他是明星，没有超能力。也许有几百万人在追的星是他，而我不比她们更有机会能见到。

现在，我创办了一家从事版权音乐交易的互联网公司，既属于音乐圈，也属于互联网圈，还有AI技术。与各大唱片公司、品牌客户、知名歌手、资深音乐人、影视公司、文娱圈有声望的前辈们合作……

我现在非常喜欢的两位偶像既是演员也是歌手，脸皮厚点可以说我与他们都是音乐圈的，而“音乐圈不大”，相较而言。从实际的距离来看，不算太远，甚至在朋友们看来："你要见他们还是很容易的吧！"说容易，当然也不是。所以，我对自己说，一天没有见到他们，说明我还需要"努力"。

比起六年前的喜欢，现在的喜欢为我惊喜地带来许多积极意义：

首先，因为看了他们演的电视剧，我叹服他们在剧中惊艳的演技，深深地感受到那些真正才华横溢的人还是能戳心的，也终将被奖励。有人说："我要是明星，赚那么多，我也能吃苦。"可您是不是搞错了时间线？他们不是因为已经成为明星、已经赚很多，再去吃的苦。而是他们先吃了苦，磨炼过后，极幸运地遇到了一部"刚刚好"的剧，但还有很多很多人，他们吃着苦的时候，是不确定未来一定能成功的，更可能的是一直徘徊在十八线，从低谷看着微弱的光。从剧本身来看，服化道确实精美，演绎与细节也都可圈可点。虽然我们置身于互联网内容爆炸的时代，但因此可见，要成功还是得潜心做好内容，打磨好内容才是王道。我也从朋友或者只是认识的人处观察了许多实例，发现各处兜资源的，都活得不好，好多人年过半百一事无成，而扎根一块领域认认真真耕耘的，时间最终诉说了肯定的答案。

其次，我正处于大文娱领域，对粉圈文化饶有兴趣，看些分析报告，以为自己懂了追星这回事，看了这部电视剧后心态转变，才发现：想要深刻理解一个领域，你就得把自己沉浸进去，去体验，比起隔岸观火，你终于明白，原来如此。甚至，仿佛打开了一个新世界，在那里发现了潜藏在网友中的各路人才，怀有无限创意，一人的再创作能力简直媲美一个师的协同作业。用开放的心态，去感受新时代的美好。能够带给我感悟的人，尤其是喜悦的感悟，我都心存感恩。

再回归到自身，当前的我专注创业，对感情并没有太多期待，需要说明的是，我的“没有太多期待”不是消极的，过去也有过感情经历，其实也就那么回事儿吧，到了现阶段，我发自内心真正享受单身的自由和愉悦。单身阶段，偶尔会对现实生活中的人产生些微好感，可一想到得和这个人相处，我就瞬间冷却全部热情，好感全无，所以脱单不是我的刚需，“心里有喜欢”才是心田的绿洲，而我要的只是绿洲啊。这两位偶像让我发现：在我意想不到的时刻，竟会遇上心中的绿洲，是我本人决定了我的际遇。

为什么说“是我本人决定了我的际遇”？原因是我并非因为遇见了这两位偶像而选择享受单身，更没有到“风陵渡口初相遇，一遇杨过误终生”的程度，就是普通的对“美好的人、事、物”的喜欢。而是反过来，我是因为享受单身，才会在十一假期偶然看的一部剧中被他们打动，是“我内心需要，所以喜欢”，不是“我喜欢上了，所以沉迷”。我个人觉得，注意这是基于我自身觉得，喜欢偶像，比真实生活中得和一个异性相处，要快乐和省事多了。每个人的需求不同，不用参考我的。

那么，对于这种“说远不远、说近不近”的偶像，我会怎么做呢？我买了他代言的粉底液，因为那个牌子确实是我平时爱用的品牌之一，并且我确实需要补货粉底液，而他，是加分项。我并没有购买其他他们代言的我不需要的产品，没有去看他们那几场人挤人的演唱会，也没有去他们可能出席的品牌活动蹲点……我还是我，一个大体上理智的我。尽管非常喜欢，也在理智的我的喜欢范围内，或者可以说是一个理智的身体内的“非常喜欢”。而是什么淬炼出我的理智？是经历，因为是过来人啊，我长大了。

《人民日报》说：“偶像会发光。”一个自律、优秀、正能量的偶像，对于喜欢他的粉丝，具有榜样作用。我听一位学姐说她追星的经历，一次去看她的偶像所在组合的演唱会，她看到站在她边上的组合中另一位成员的粉丝们匀称的体态，再看看自己已经胖得快没有了身形，她说：“当下我觉得有点对不起我的‘爱豆’，我不能给他丢脸，不能让别人觉得我‘爱豆’的粉丝都是肥仔。”于是，她真的遵循营养师的建议，健康饮食达三个月，瘦了20斤，再次出现在校友会活动的时候，大家都惊讶她有如此大的变化，一问方知，真的是“偶像会发光”，会发光的偶像能够把喜欢他的人往变得更好的方向指引。我也希望，我能给大家这样的力量。

好多“00后”真的比我要通透，也比“大人们”想象中的要通透。和传统的偶像与粉丝的关系是不一样的逻辑，“00后”们为了偶像的前景考虑，会规范自己作为粉丝的言行，因为他们觉得自己是否有素质反应的是偶像的品格魅力，彼此监督，不想让粉丝的不当言行败坏偶像的“路人缘”。所以，现在偶像和粉丝的影响，是相互作用的。

他们具备超强的执行力，做数据、打榜、应援……我曾经想，这样的积极、高效、才能、有分工、有计划，运用产品营销、内容营销、用户营销，如果是用在工作事业上，简直就是所向披靡啊。不过，他们是纯粹出于热爱，没有回报，还心甘情愿花钱。因为，他们觉得“千金难买我喜欢”，所以，归根结底，还是回归到粉丝“自我”的精神快感上。上海交通大学安泰经济与管理学院的一位教授是这样说的：“上一代的人之所以比较好管，是因为他们对自己的定位是国家的打工仔，现在的年轻人的心态不是这样，他想当国家的投资人，尽管是一个小额投资人。你现在问粉丝你的爱豆为什么这么红，他会自豪地说：‘当然因为我了。’”他们常觉得是他们在“守护”偶像。这呼应一开始说的，代际革命悄然而至。

我的表达方式，符合我的个人特色：静静地喜欢着他们，没有去打扰，但同时我又在努力，我希望创业能够出成绩、创作能够出成果，以更好的状态去遇到自己喜欢的偶像。也许我没有买他们代言的东西为他们做数据，但我希望某一天我能够带给他们事业上的资源，用其他方式帮他们。所以，对于现在的我来说，喜欢的这两位是“努力一下，可以达到的，或是朝着他们走，能够让我有动力把自己修炼得更好的”偶像，还是回到了我的观念上。

当时我是这么记录心情的：这部剧对我而言的情绪是复杂的、多层次的。它让我领略了追星女孩内心遇见绿洲的欢喜，又受限于我本人冷静的底色，并失落于我并未真正参与它在商业角度的盛宴。

若是因为自己喜欢，成为私生饭、机场堵人……造成

“爱豆”的困扰，或者做超出自己能力范围内的消费，造成家人的困扰，为了“爱豆”不思茶饭，给健康造成困扰，甚至做出其他违规违法的事……这便是越界了，过犹不及，喜欢反成负累。

你，会怎么喜欢一个人？其实和“喜欢”本身无关，“喜欢”没有对错，和“你”有关。拿我来说，六年前对于偶像的喜欢和六年后对于新偶像的喜欢，并不是因为我“喜欢”的程度减少了，而是我本人不同了。

人不同，对情感的把握能力不同，表达情感的方式也不同。

也许你对家人、另一半的过分关心，在对方看来是种压迫；也许那位唱着《浪费》的追求者对你的苦苦守候，在你看来是种精神叨扰；你没有安全感，强制你的伴侣“不和陌生人说话”；有人说“棍棒底下出孝子”，“子”却觉得那是不是种家暴；老板觉得你是栋梁，一心想栽培你，你则对事业没有太大野心，甘心于朝九晚五，有稳定的收入……

没办法，我们只能尊重“受方”的感受。如果你说了“对不起”，受方觉得你的“对不起”不诚恳，那这道歉不算成功。如果你随手拿了本资料册拍了一下对方，受方觉得疼，那便是疼了。如果他觉得对他而言批评比鼓励有效，那便是如此，我们只能尊重“受方”的感受。

对于特别想离婚的人，我不会劝所谓的“离婚冷静期”；对于特别想结婚的人，我也不会劝她再想想；对于想创业的人，我会说：“只要你想清楚了，就去做吧。”我，实在不愿意去替别人的人生做重大决定。这也是我底子里和谁都不亲近的原因，可能我确实也不想和人太亲近。当然，实际上我也替不了别人做决定，除非是父母还有本事催婚、强迫孩子转变个人意愿，其他人谁能真正替别人做得了决定的？虽然父母最好也不要，可许多父母做不到把孩子当成具有边界感的独立个体。

记得之前有音乐人问我，我创立的这个版权音乐平台赚得多不多，她也想做一个类似的平台，生完孩子在家太无聊了。我与她不熟，便只回复了：“你咨询一下靠谱的前辈、信赖的家人朋友，并且自己想清楚。想清楚了，就去做吧。”不然我能说什么？告诉她真相：“创业实际上千辛万苦，如峭壁攀爬吗？”她会怎么以为？她会不会有疑问：“既然这么不容易，那你自己为什么做这个？还要坚持下去？”不如她就自己去试，在能力承受范围内，成不成都自己买单。

可能你要问，如果别人真的想听建议呢？我的回答是：

我不想对别人的关键人生抉择给建议是我的自由。有很多人可以给他建议，但我不想。

可能你又要问，如果大家都和你一样，不再给他人建议了，怎么办？我的回答是：放心吧，不会的，世界上没有边界感的人太多了，最不缺的就是建议，缺的是自我意志和判断的能力。

我们其实最需要做的是“behave ourselves（做好自己）”。之前在社交网站上看到这样一个话题：微信朋友圈发什么内容让你最受不了？点进去发现好多热门回答说出了我想说的：别人发朋友圈是别人的自由啊，你受不了可以不看。

我曾经写过：你可以谦虚低调，奉行中庸之道，那是你的自由；你要张扬、高调，爱听赞歌，那也是你的自由。但是，请不要拿你的自由来要求我，让我不自由。

正如前文说的，一切尺度因人而异。我们能做的，就是尊重彼此的边界感，相互独立、愉快共生。

第三节　最好的关系是相互成就

在这一生里，我们是被他人界定的，他人的凝视揭露了我们的丑或耻辱，但我们可以骗自己，以为他人没有看出我们真正的样子。

——萨特《密室》

尊重边界感，可不是“井水不犯河水”。后者是不必相交，前者恰恰正是因为要相交，所以才需明晰边界，互相尊重。若是本身就存在于两条平行线，哪里还犯得上讨论边界感，根本就遇不到好嘛。

看过一则印度的短视频，是街角摄像头拍的，画面中有一位行人，看路边有人摩托车坏了，车主正在查看摩托车故障时，裤子口袋里的钱包露出一角。行人快步走上前，悄悄抽走车主的钱包。一转身，看到街角居然有摄像头，他面露尴尬地回头看看车主，车主还在专心检查摩托车，并无察觉，他再回过来看看摄像头，再回头看看车主，再回过来看看摄像头，然后，他转过身，把钱包悄悄丢到地上，拍了拍车主的背，提醒他看看地上，示意车主是不是掉了钱包。

标注在短视频边的文字是："印度男子偷窃时发现摄像头，惊讶捂嘴后尴尬归还"，也有自媒体在转发这则视频时直接称呼该男子为"印度小偷"，其实这个称呼不置可否。我只想借由这则视频表达这样一个道理：

当一个人在善与恶之间徘徊，内心对善与恶没有很强的导向，那么，一个为恶的机会，他可能就做了恶事；一个行善的机会，他也可能就做了善事。而"别人的注视"，会让他意识到了自己。就像萨特在他的哲学著作《存在与虚无》中写的："我看见自己是因为有人看见我。"

企业，从注册开始，就须设立"监事"一职，负责监察公司的财务情况、公司高级管理人员的职务执行情况，以及其他由公司章程规定的监察职责。[1]规模较大的有限责任公司也会设立"监事会"，在中国这是公司必备的法定的监督机关，由不少于三人的监事组成。但董事、高级管理人员不得兼任监事。

监事，就是企业中必备的"注视"。高级管理人员在

---

[1] https://baike.baidu.com/item/监事/5055962？fr=aladdin.

“阳面”需求与“阴面”需求冲突的情况下，“被注视”可以让他们做出导向“阳面”需求的选择。

这“阳面”和“阴面”是我在台湾念MBA时上司徒达贤教授的课学到的。司徒达贤教授在台湾是著名的管理学者，美国西北大学企业管理博士，也是华人中第一位在美国专攻管理的学者，备受企业家们尊崇。我的指导教授于卓民师承司徒达贤，我算是司徒老师的二代弟子。切实跟着司徒老师学了一整个学期，受益匪浅，真正感叹他的智慧和风范。

司徒达贤教授以“整合”的观念重新诠释管理的意义，并发展出“管理矩阵”的架构，提出“阴阳理论”。管理有“阴面”与“阳面”之分，“阳”代表与正式组织有关或公家的事务，“阴”则代表人的内心世界或非正式体系中的行动或思维。组织的目标体系属于“阳面”，指组织的绩效、满足客户、企业的成长与发展、市场占有率等等；个人的价值观或个人的目标属于“阴面”，指个人的人生理想，个人的生存、健康、财富、家庭情况，个人的人脉人情关系，个人的信仰等等。

良性的组织，不是一味地消除员工的“阴面”需求，这也是不可能的、做不到的。而是应该以企业文化规范“阴阳”的比重，调和“阴阳”，使二者相辅相成。

我曾说：一路上，那些经过我们的人，成功与失败，都是镜子，让我们在拼拼凑凑中找到自己。

在《生活需要自律力》一书中我写到一个朋友，复旦大学研究生毕业，创业大潮中被浪翻下，两年垂死挣扎……我们其实知道，创业失败的人占绝大多数。与那些不知道问题所在的人不同，这位朋友什么道理都明白，有一次还对我说过这么经典的话：“所有的捷径都建立在认真的基础之上的。有一个故事，曾有一个人落水了，一艘船过来，他不上，他说要等上帝来救。又一艘船经过，他还是不上，他说要等上帝来救，终于他死了，见到上帝，质问：‘你为什么不来救我？’上帝说：‘我已经派两艘船去救你了。’现在觉得，我就是那个人。我想打造什么就能成，所以，我不能让自己再站在悬崖等待，明年要拼一场。”我曾以他为警示自己的案例，对自己说：“若是将来在创业途中我不幸遇到大波折，我得提醒自己——沉下身去，盘腿练功，突破壁障，重整旗鼓。”在这本书里，我要告诉大家他的近况，他已经开始了新的创业，带着新产品，重新拜访起朋友们……

很多人喜欢读成功学，我觉得无可厚非，但其实“失败学”也值得看一看。有一种逻辑谬误，我们称之为“幸存者偏差”，比如活下来的企业或者成功的创业者，比如刘邦，被视为传奇，他们的做法被当成范本，而其实有些是“能力加机遇及多因素”的结果，若没有一些运气或偶然的因素可能也幸存不下来。你不是成功学当事人，时间与空间皆不同，照搬他的做法，你未必会成功。拿刘邦用人来说，知人善任。我十分认同企业需要知人善任。可若你不具备辨识他人品格与才华的能力呢？很多尸位素餐的人觉得自己很了不起，简直能一眼洞悉人才，还不是识来识去识到马屁精。

认识一位朋友，在大城市居住了几年，现在在大山里住。他说：“大城市我已经住腻了。”趁着年轻，他想多体验。我说：“嗯，在山里住也挺好的，等哪天住腻了，反正还可以再回到大城市。”说完，回味自己的话，觉得：是啊，因为他既住过大城市，又住过山里小村，切实生活体验后，才知道下一阶段他想住哪里。很多人面临两条路的选择，走了其中一条，如果走对了，他就认为这条路是对的，但也可能走另一条的结果会更好，他不知道，因为另一条他没走过。如果走错了，他就认为当初走那条路就好了，可也许另一条路更艰难，他不知道，因为另一条他没走过。

好多人，眼见什么火了做什么。看到少数直播网红年入数千万，就觉得网络主播都很赚钱；看到有人在南非淘到黄金，就觉得南非遍地是黄金，等着他去淘；看到有人跳槽跳出了工资double（翻倍），就觉得跳槽是不错的涨薪手段。他怎么没看到那些当主播入不敷出的、淘金失败的、跳槽后发现新公司虽发给他原公司1.5倍的薪水但让他做3倍的事……失败才是常态，才是大多数。

失败的案例，我们可以通过别人的例子反观自己：我有没有和他一样的缺点？我是不是也固执于表面形式而忽略商业本质了？我是不是也像当时的他一样正被一叶障目中？

瑞典心理学家萨穆埃尔·韦斯特（Samuel West）博士创立了一所失败博物馆（The Museum of Failure），又称“成功之母博物馆”。韦斯特说：“大不了把自己放进展览里。”

以人为镜，可以少走好多弯路。我们，可以和他人，互相成就。

“劣币驱逐良币”是经济学中一个古老的原理，类似于“逆淘汰”的意思，就是劣质的淘汰优胜的，小人淘汰君子，平庸淘汰杰出。如果企业主是“猪”，公司内很容易呈现这种现象：具有真材实料和道德操守高尚的人遭到冷遇、排挤和打击、压制乃至被最先淘汰出局，留下来的都是能被“猪”老板看得懂的“猪”员工。哪怕有些精英，碍于在这样的环境中生存，也只得把才干掩藏起来，显出平庸的一面。

为了避免把世界变成全是“劣币”的世界，我们得秉持历史潮流检验至今的正确价值观，接受多元文化，百花齐放、百家争鸣，营造风清气正的环境……“人是环境的产物”，人和环境相互作用。正如主持人董卿在一档节目中所说的：“枪响之后，没有赢家。”

所以，我们存在于自由之中，也存在于别人的眼中，后者是重要的监督。让我们看得到别人，也看得见自己。

思考与自省，我觉得是两个特别重要的功能。这里想分享一个“自我改善”的心得，或者说是窍门。

我的一位企业家朋友说，那些当老板的都很自信，但他要避免自己走入“太自信”的旋涡，于是他要求自己在一个月内多做自己不喜欢的事。比如，当他对会议中的汇报产生厌倦，平时他会直接打断对方说：“可以了。”但这个月，他让自己听完。以他后来告诉我的感受来说，那个月让他产生了欣喜的变化。

什么道理呢？我给你们讲另一个故事。从前我不喜欢吃白萝卜和青椒，几乎是不碰的，也不太爱吃苹果。虽然我知道吃这些对身体有益，可是能选择的太多了，当然吃那些自己想吃的。直到有位朋友跟我说，人的体质受吃进去的食物影响，长期吃自己喜欢吃的东西，身体处于被“这些”营养元素喂养的状态，要达到平衡，有个最简单的方法，就是吃那些你不喜欢吃的东西。“这些”你常吃，“那些”你不常吃，偏向一边的身体你要往另一边拉回来，就正了。

“倒走”，不也是这个原理吗？都说这是一种很好的锻炼方式，因为它是一种反序运动，和平时的走路习惯相反，可以刺激不常活动的肌肉、促进血液循环、平衡人的机体，总之，诸多好处吧。我有坚持倒走的运动习惯，大家在保障安全的前提下，也可以试试。

世上没有两片相同的树叶，每一片都有自己的障碍与出路。人也是。

如果你迟迟无法突破发展的瓶颈，也许是有哪些关键的、自己没有意识到的缺点正阻碍着你，也许你本身的某些特质就是阻碍因素。前者，以人为镜；后者，尝试做一些自己喜欢的事的反面，走出边界，用新的你去实现发展。

第四节　只要不放弃，就不是定局

你所看到的世界，只是你看到的，不是世界的全部。

我有个朋友，意象中的他，给我一种“白衣出江左，江上清风游”的气质。意象是感受的抽离，和现实肯定不同。现实中的他，一家公司的副总裁。说是副总裁，其实没有管具体事务，因为是股东之一，便任了个职位。除了每周进公司两天了解情况，其余时间在外做些投资。员工们对他的普遍观感是：像是董事长的狗腿，虚伪，眼里根本看不到基层。和我意象中的他，仿佛两个人。

我在现实中接触到的他是这样的：不关心他认为不重要的人和事，可见他认为员工们是不重要的。这由他的价值观决定，我不做评论。在台湾一个富裕的家庭中长大，说他完全靠家里呢，也不是。他大学毕业后在亲戚家的医药公司工作，以卓越的业绩打拼了一席之地。说他EQ高吧，他对基层人员的不在乎基本表现在脸上；说他EQ低吧，他又特别能忍，无论在他眼中地位比他高的人怎么对他，是好是坏，或是在没和他商议的情况下就突然公告调整他的职位，也坦然接受。说他势利眼吧，他对他欣赏的有才华、有才干的人特别包容；说他不势利眼吧，那些员工们肯定不同意。

我了解的现实中的他，和我意象中的他，也不是同一个人。

为什么会有这样的差别呢？因为他对我是好的，是看重我的，在我面前展现的也都是好的。这并不是他故意藏起那些不好的，而是他的那些“满不在乎”的势利眼行径并不会发生在我身上。遇到我与他们那位董事长因他们公司以外的其他项目合作有争议的时候，他还会替我说话。若是换作别人，他大可能是事不关己高高挂起，何必得罪董事长。

既是如此，为什么我意象中的他，和我实际认知到的他，会不同呢？——因为距离。我和他交集不多，联系频率不高。不能时时刻刻记得他与别人交流时的状态，一段时间没联络，提到他时的印象更多停留在他和我之间的互动，所以有了那样的“美感”。

人是多层次的。看到人的一面，就盖棺定论，恐怕太过浅薄了。人是善恶、真伪、美丑的综合体。世上没有人具备

100%精纯的“真善美”，一切都是相对的。克服了私欲或邪念，代表有过私欲或邪念；说过善意的谎言，代表说过谎言。美丑的标准更是因人而异。

不同人所看到的人、事、物，取决于对方要你看到什么，以及你的认知体系又能关注到什么。

我曾对一位朋友颇有好感。他长居海外，从几次见面的言谈举止、观念修为来看，觉得心目中的优秀男性形象也不过如是吧。我觉得我要努力，自己还不够好到可以近距离和他在一起。这里的“距离”指从我当时想象中的我俩的社会地位来看，我认为是不够近的。

随着我的事业发展趋于稳定，我对他依然是微微仰视的。因为听得懂、聊得来、互相看得上，便成了更好的朋友。真正熟识后，才发现，原来我们在各自圈中的地位差不多，也都是不错的圈子。虽然他比我大几岁，照事业发展来看，再过几年我应该会超过他了。

后来他交往了一位女朋友。我与他本就只是淡淡的好感，毕竟在两个国家，基本见不到面，也便没有发展。

讲这个故事，我只是想说：也许很多美，就是因为信息没那么透明产生的。模糊产生美——朦胧美。一部分已知的信息，加之另一部分未知的想象，形成了我们对该人、事、物的印象。

女神之所以为女神，因为她不是你身边的“人”。

你闭上眼睛想一想，你的女神/男神是什么样的，你身边的那些女生/男生是什么样的。发现没？也许你脱口而出：我身边的人如此平庸，而我的女神/男神却如此完美。但你细想，你身边多是如你所言“平庸”的人，是不是表明你也在这个“平庸”圈里呢？正因为你“平庸”，对不属于这个圈的女神/男神才可望不可及。

再闭上眼睛幻想一下，如果你经过努力，进入到一个全是你女神/男神那样的人的圈子，你还会觉得你女神/男神稀罕吗？你置身其中，说明你也是那样的。在过去的你的眼中，现在的你也是女神/男神，只是你是变化本身，所以没有察觉罢了。

记得曾在网上看过一张对比图“我眼中的我老姐”vs“别人眼中的我老姐”，很好笑。“别人眼中的我老姐”是女神，而“我眼中的我老姐”是一个肥丑的女人。

心理学上说世俗心态：“远的崇拜，近的嫉妒。”远的，距离产生美；近的，看得到精华也看得到糟粕，没有想象空间，觉得不过如此。而且因为近，也许各方面条件有许多相似之处，后来对方超出自己时，心理落差就越大，也就越容易滋生嫉妒。

我想分享给大家两句话，希望大家咀嚼一下：

“不说假话”等于“全是真话”，但不等于“说了全部的真话”，自然更不等于“真相”。纵使别人跟你说了99%的事实，剩下那没有说的1%也有可能颠覆所有认知。悬疑剧情不也是这个套路吗？

任何写在网上的东西，都不会是你想要看的，都一定是我想要你看的。不理解请再读一遍，营销的本质想想不也如此吗？

基于上述两个片段故事，我想说的是：如何看待人事物，反映了我们脑中对世界的理解，决定了我们自己的走向与步伐。

第一个故事：你优秀，与优秀的人能对话，优秀的人展现在你面前也是可对话的一面。你愚笨，别人也无法跟你分析事态、商量决策。

第二个故事：我们在程度B的时候，会仰望程度A，不管A是不是如我们当下想象中那样，但抱着审美距离，我们努力，终于达到了程度A。

唐代禅宗大师青原行思，提出参禅的三重境界，也常被后人用来指人生的三个境界：

第一重，看山是山，看水是水。指人看什么是什么，只看表面。

第二重，看山不是山，看水不是水。指人开始思考表面背后的内在含义。

第三重，看山还是山，看水还是水。指人开悟后，看透内在本质，回归初心。

还有，前文常说的，一定要有这个认知：任何人、事、物都是动态变化的，包括门口那棵大树。

有些人会指着别人十几年前在网上发的内容说："你们看看，这是他以前写过的话，多么肤浅的一个人。"这无疑否认了"人是会变的"的可能或事实。

越聪明的人越会自信满满地认为自己看人特准，从一个人的行径判断"这个人是粗枝大叶的""那个人是目中无人的""这个人是个喜欢显摆的""那个人是咄咄逼人的"……两三年没见，别人来跟你打听这个人，你回："他呀！"然后说了一堆貌似很了解他的话，甚至辅以过往的一些实例来佐证。别人可能因为相信你，就相信了你印象中的他，就以为那就是他。你越聪明，别人可能越深信不疑。

可智慧的人会以发展的眼光看待，不武断。也许你要说，人不会轻易改变的，你之前不也表达过类似“三岁定八十”的意思吗？是，人是不会轻易改变，但不是人不会改变。《概率论》不是都学过吗？0概率事件不是不可能事件。人若遭遇大起大落呢？因重创很有可能就改变了。你怎么知道在这两三年里他没有经历岁月和事件的洗礼，他可能已经不是他了，又或者突破原本的边界，已经脱胎换骨了。

什么变了，什么没变，客观看待。

“你不是之前说过会爱我一辈子吗？为什么食言？”这也是不接受“时空以及时空中的一切都在变化”的事实。情感上虽然无法接受，可是质问“变化”有用吗？其实是没用的，变化已然发生，感觉回不去了。当然可以哭、委屈、愤怒，这是人之常情，可最终还是得接受与放下，不是吗？你可以带着美好去想：至少在他说出爱我一辈子的时刻，他是诚恳的。其他，勉强不来。

以上说的是“人”，无论空间还是时间，都没有绝对的。也就是说，“人”这个变量是永远的课题，看你怎么想。接下去说说“事”。

想问大家两个问题：

1. 世界上存不存在肯定没有解决方案的问题？

2. 世界上存不存在只有一种解决方案的问题？

我的答案都是否。

凡事，一定都有办法，如果没有，那是你还没找到。

记得有一次抽查邮件，我随机挑了几封客服邮箱的email读了读，差点没气死。有客户发邮件来咨询：“请问你们××这个服务有吗？”回复这封邮件的客服人员不但没有基本的邮件礼仪，而且只回答了两个字：“没有。”

我赶紧联系上那个客户，询问清楚他真正的需求是什么。虽然那款服务我们“直线思考”是没有，但只要转个弯就有了，而且这“转弯”并不多花时间。于是圆满帮客户解决了问题，并且赚到了这笔钱。

以小见大，有些人看待前路都是阻隔，有些人看待前路全是机会。前方的色彩当然也不会相同。遇到任何事，不去思考解决，那句“没有”就是事件的结局。不放弃，想方法，总能找到“答案”，就能赢得更多的机会和更广阔的天地。

一道题，有明显标准答案，那有什么难度？正是因为答案不明显、不直接，能解开才是本事。这就是“别人不行，你行”的内在逻辑。人生大美之门，是靠自己推开的。

后　记
一切过往，皆为序章

这应该是我30+的最后一本书了。至少此刻我是这么想的。

前两本书《生活需要自律力》和《生活需要断舍离》长期居于畅销榜，让我既欣慰又惶恐，欣慰是感谢大家的喜欢，惶恐是觉得自己写得还不够好。其中一本竟然一度和日本经营之圣稻盛和夫先生的书排在一起位于“经典畅销”之中，真的荣幸之至，但也自愧不如。

从大学开始，我念的一直是商科，从事的一直有关品牌、策略与经营，强项也是在于现实事业环境中的思维、逻辑、战略、战术和谈判等。八年前，我突然对妈妈说：“我想成为一名作家”。现在，已经发行了六本书，即将发行第七本，同时运营着一家互联网音乐公司。

稻盛和夫的《活法》一书近期置于我的办公桌上，一有空就翻阅。它里面有个等式：人生、工作的结果=思维方式×热情×能力。注意，是三者相乘而非相加。也就是说，任何一个为0，就不足以达到结果。

拿八年前的那个小梦想来讲，当时说的想成为“作家”不是文豪，是指出书，在这个世界上拥有自己的作品。有热情，还过得去的写作能力，把商科思维融入工作与生活的实践中获得经验与心得并且把它们跃然纸上的能力，以及与其他作者差异化的思维方式，于是就有了上述的结果。

本书前文我提到饭圈，他们具有高热情、高规划力、高执行力，遗憾的是，思维方式。粉丝眼中理解的世界和真实世界是两个版本。不同的人存在于不同的逻辑圈，用粉圈的逻辑应对真实世界，恐怕不太行得通。插播一句，作家和读者，好太多了。读者喜欢作家，至少表明对作家部分思想的认同，意味着“能对话”的程度高。

思维方式真的太重要了。同一件事，完全不同的解读，产生了不同的心态，采取了不同的行动，达到了不同的结果。这就是我常说的：思想决定态度，态度决定行为，行为成功打怪。

我们也不可能强行灌输思维方式到另一个人脑袋里，既费时又费工，对方还不领情，且没必要。毕竟他的前路、他往后的经历，还得他自己走。何况思维方式又会变化，掌控不了。

每个人能管理好自己的梦想，就已是了不起了。有人问：“一个人旅行是种怎样的体验？”我回答：“很爽啊，自由自在，一切掌控在自己手中，不需要问同伴下一站想去哪。去认识陌生当地人，听他们的故事。”自己的梦想，就是一个人的旅行。时间进程把控在别人手上，预期最好不要太高，才可能有惊喜。

把时间花在哪里，成就就在哪里。做好自己该做的事即可。“结果”只不过是所有的“经过”的最终反映罢了。

越进步，可对话的人就越少。总有一天，你会发现身边知音寥寥无几。但幸福的是，和你一样抵达海的另一边的人，便是你的同好，程度不相上下，互相听得懂、聊得来。“与同好争高下”，也好过“与傻瓜论短长”。我是宁愿一个人去乘风破浪，也不想和一群人席地而坐在泥泞路上论是非。

冥冥之中都有记录，最终反映在结局里。一切巧合，皆是注定。

后会有期。